LIMIAR

CB008221

SIDARTA RIBEIRO

LIMIAR

Ciência e vida contemporânea

1ª reimpressão

Copyright © 2020 by Sidarta Ribeiro

Grafia atualizada segundo o Acordo Ortográfico da Língua Portuguesa de 1990, que entrou em vigor no Brasil em 2009.

Capa
Jeff Fischer

Revisão
Renato Potenza Rodrigues
Jasceline Honorato

Dados Internacionais de Catalogação na Publicação (CIP)
(Câmara Brasileira do Livro, SP, Brasil)

Ribeiro, Sidarta
Limiar : ciência e vida contemporânea / Sidarta Ribeiro. —
1ª ed. — São Paulo : Companhia das Letras, 2020.

ISBN 978-85-359-3371-0

1. Crônicas brasileiras I. Título.

20-41830 CDD-B869.8

Índice para catálogo sistemático:
1. Crônicas : Literatura brasileira B869.8

Cibele Maria Dias — Bibliotecária — CRB-8/9427

2020

Todos os direitos desta edição reservados à
EDITORA SCHWARCZ S.A.
Rua Bandeira Paulista, 702, cj. 32
04532-002 — São Paulo — SP
Telefone: (11) 3707-3500
www.companhiadasletras.com.br
www.blogdacompanhia.com.br
facebook.com/companhiadasletras
instagram.com/companhiadasletras
twitter.com/cialetras

Para minha família, com infinito amor.
Para Cilene Vieira, por toda a visão, confiança e garra.

SUMÁRIO

EDUCAÇÃO PARA QUÊ?

DEUSES, HUMANOS, VIDA E MORTE

PREFÁCIO

EM 2004, quando comecei a escrever as crônicas que compõem este livro, o mundo estava no limiar entre duas eras. Por um lado reverberava o pujante otimismo científico com o qual chegáramos ao ano 2000. Do rápido avanço nos estudos sobre o cérebro às maravilhosas descobertas da genética de populações, das revolucionárias ferramentas de biologia molecular aos aceleradores de partículas capazes de desvendar profundos segredos do Universo, da disponibilidade de bons computadores à internet cada vez mais veloz e complexa, vivíamos a euforia do crescimento vertiginoso da ciência, da tecnologia e da inovação, com impactos revolucionários na produtividade econômica.

Que coisa incrível nossa espécie de primata bípede, capaz de acumular cultura cada vez mais rapidamente, agregando valor, multiplicando capitais e espalhando benefícios! Dos xamãs da Sibéria paleolítica aos pajés, iogues e cientistas do século XX, experimentamos uma explosão exponencial de repertórios mentais que pareciam nos levar de modo inexorável ao saber profundo em todas as escalas, do mundo subatômico até a borda infinita do cosmos. Entre habitar as cavernas e realizar as viagens espaciais, foi tudo muito rápido. A entrada no século XXI anunciava uma cada vez mais provável transcendência para além de nossa brutal animalidade. Nada menos do que uma verdadeira expansão de consciência.

Por outro lado, porém, já ecoava com ruído crescente o pessimismo causado pelo aumento vertiginoso da concentração de renda e da desigualdade socioeconômica, bem como dos conflitos bélicos em grande parte do mundo, justificados pela ideologia do combate a terroristas, traficantes, obscenos, hereges, fanáticos e transviados em geral. O choque violento entre os sistemas patriarcais dos Estados Unidos e do mundo islâmico culminou em 2001 com os pavorosos atentados que destruíram as torres gêmeas de Nova York e parte do Pentágono, oficializando uma guerra mundial não declarada que nos anos seguintes viria a destruir nações inteiras, como o Iraque, o Afeganistão, a Líbia e a Síria.

O pessimismo geopolítico cresceu com o colapso financeiro global de 2007-8, com a sabotagem da agenda ambiental global e com o aumento da opressão policial-militar de mulheres, negros, indígenas e vulneráveis em geral — além da crueldade da criação e matança em larga escala de animais. A degradação das relações e o rebaixamento do debate público que caracterizam o capitalismo predatório acabaram levando à ascensão do neofascismo anticientífico de Trump e Bolsonaro. E então veio a covid-19...

Prenhes de otimismo apocalíptico, os 57 textos aqui selecionados examinam a história planetária recente com ambos os olhos abertos. Um deles tem o ponto de vista da Ciência, essa flor de futuro que insiste em nascer no asfalto do Brasil e de tantos outros projetos de país aos quais chamamos de Terceiro Mundo. O outro olho enxerga pela perspectiva dos saberes ancestrais que permitem encontrar um jeito saudável de estar no mundo, como a ayahuasca, a ioga e a Capoeira. Os dois olhos se fecham para sonhar o amanhã... Quando se abrem, as imagens se fundem numa perspectiva mais ampla.

É inegável a sensação de que atravessamos um ponto de mutação da espécie humana, com chances equivalentes de Paraíso e Inferno. O caminho luminoso que se apresenta para nossa espécie é uma grande síntese, capaz de empregar com ética, sabedoria, racionalidade e efetividade o enorme acúmulo planetário de capital material e humano para afinal construir, pela primeira vez na Terra, o bem-estar de todos os seres sencientes.

Equipada e equipados com o que de melhor foi produzido pela cultura humana desde que nossos ancestrais migravam pela África, há 315 mil anos, temos chance de alcançar uma sociedade digna da nova era. Mas se falharmos em honrar nossos ancestrais com nossa máxima sabedoria, é quase certo que a nova era não será humana.

Precisamos despertar depressa. Talvez a escolha ainda seja nossa.

CIÊNCIA EM KRAKATOA

CIÊNCIA EM KRAKATOA

Sol a pino na sacada de uma cidade colonial dos trópicos. Calor, muito calor. O que está acontecendo, como foi que cheguei até aqui? Sou cientista, claro, disso me lembro bem. Mas o que foi que aconteceu? É difícil avaliar os danos sem saber de onde partimos. Convém repassar o que vi, ouvi, li e vivi.

Conheci o fisiologista vegetal Luiz Fernando Gouvêa Labouriau (1921-96) em 1989, na Universidade de Brasília, por intermédio do microbiologista Isaac Roitman (1939-) e da antropóloga Mireya Suárez (1939-2019). Foi amor à primeira vista. A barba cerrada do célebre cientista já estava toda branca e seus olhos azuis eram ultrajovens, coriscando de inteligência. Tive a sorte de ser seu aluno e frequentei por vários anos o seu laboratório. Durante o dia, germinação de sementes e bases da matemática. Durante a noite, histórias de cientistas exemplares e exploração astronômica. Subíamos ao teto do laboratório por uma escada dobrável para explorar a Via Láctea com o telescópio do mestre. Sob as estrelas, cercado de discípulos, ele narrava os mitos de criação da ciência brasileira.

1900 A 1934

Criação da Fundação Oswaldo Cruz (Fiocruz), da Academia Brasileira de Ciências (ABC), da Universidade Federal do Rio de Janeiro (UFRJ), da Associação Brasileira de Educação (ABE), do Ministério da Educação e da Universidade de São Paulo (USP).

Esse é o tempo dos heróis visionários que, com enorme esforço pessoal, começaram a mudar o destino de uma nação inteira, inspirando sucessivas gerações de jovens a se tornar profissionais da curiosidade. Carlos Chagas, Oswaldo Cruz, Álvaro e Miguel Osório de Almeida: evoé, pioneiros! Finalmente germinava por aqui a ideia de que o ensino e a pesquisa são essenciais para a sociedade. Embora d. João VI tenha criado o Jardim Botânico e o Museu Nacional no início do século XIX — e a despeito do esforço educacional realizado pelo militar e engenheiro Benjamin Constant no final do mesmo século —, foi apenas em 1909 que surgiu nossa primeira universidade, hoje Universidade Federal do Amazonas. Estávamos começando a deixar para trás quatro séculos de atraso, pois a primeira universidade das Américas foi criada na República Dominicana em 1538.

Na manhã de 3 de dezembro de 1928, um grupo de intelectuais sobrevoou o navio que trazia ao Rio de Janeiro o grande Alberto Santos Dumont. O plano era lançar flores em saudação ao "grande brasileiro" que tinha elevado "o nome da pátria no estrangeiro". Entre eles, estava o matemático Manuel Amoroso Costa, diretor da ABC e presidente da ABE, uma das primeiras instituições a defender o modelo universitário voltado para a pesquisa. Devido a uma manobra errada, o avião despencou na baía de Guanabara. Ninguém se salvou.

Também perdeu a vida nesse acidente outro fundador da ABE, Ferdinando Labouriau. Três semanas antes da tragédia, esse catedrático de metalurgia havia publicado na revista *Cruzeiro* uma especulação científica sobre o futuro. Previu corretamente que no ano 2000 o Brasil teria cerca de 200 milhões de habitantes. Também previu a criação da internet com incrível clarividência. Escreveu ele:

> As viagens e os próprios passeios diminuíram muito, desde que, sem sair de casa, pode-se ver o que há em qualquer parte da Terra: a televisão, juntada à telefonia, modificou radicalmente os hábitos. Não há necessidade de sair para

fazer compras: vê-se, escolhe-se, encomenda-se tudo pelo telefone-televisor automático. Não há mais necessidade de viajar para ver terras longínquas: é só ligar o receptor, e visita-se, comodamente, qualquer museu, ou qualquer país.*

A viúva de Ferdinando, professora Judith Labouriau, conseguiu criar os três filhos, além de fundar escolas rurais.

Em 1930, onze dias depois de assumir o poder, Getúlio Vargas criou o Ministério da Educação e Saúde Pública.

1948 A 1962

Criação da Sociedade Brasileira para o Progresso da Ciência (SBPC), do Centro Brasileiro de Pesquisas Físicas (CBPF), do Conselho Nacional de Desenvolvimento Científico e Tecnológico (CNPq), da Coordenação de Aperfeiçoamento de Pessoal de Nível Superior (Capes), do Banco Nacional de Desenvolvimento Econômico (BNDE), do Instituto de Matemática Pura e Aplicada (Impa), da Comissão Nacional de Energia Nuclear (CNEN), da Lei de Diretrizes e Bases da Educação e da Fundação de Amparo à Pesquisa do Estado de São Paulo (Fapesp).

Nesse período surgiram centros de excelência, órgãos de fomento e sociedades científicas que, nas décadas seguintes, transformaram o Brasil em líder tecnológico e industrial da América do Sul. No segundo governo de Getúlio Vargas, havia a compreensão do imperativo geopolítico de investir em ciência, finalmente reconhecida como o verdadeiro sal da terra, capaz de transformar o país numa sociedade de bem-estar geral. A superioridade tecnológica do Exército dos Estados Unidos na Segunda Guerra Mundial marcou toda uma geração de oficiais brasileiros, que começava a se dar conta da necessidade de

* Ferdinando Labouriau, "A era das forças hidráuliscas: uma visão do ano 2000". *Cruzeiro*, n. 1, p. 26, 10 nov. 1928.

colocar o Brasil nos trilhos do desenvolvimento de técnicas e ideias.

Assim, o primeiro presidente do CNPq foi o almirante Álvaro Alberto da Mota e Silva, catedrático de química da Escola Naval do Rio de Janeiro e ex-presidente da ABC. Na mesma época, com a missão de implantar a pós-graduação em território nacional, foi instituída a Capes, sob a liderança do educador Anísio Teixeira, que pouco depois se tornaria presidente da SBPC. Fundada pelo farmacologista Maurício Rocha e Silva, o jornalista José Reis e o biólogo Paulo Sawaya, a SBPC logo demonstrou uma efervescência cívica capaz de amadurecer uma nova visão de Brasil, baseada na excelência da pesquisa básica, na relevância da pesquisa aplicada e na ousadia da inovação. Um grupo de trabalho da SBPC, criado por Anísio Teixeira e coordenado pelo antropólogo Darcy Ribeiro, daria origem à Universidade de Brasília, com sua estrutura departamental livre das rígidas cátedras.

Entre os primeiros bolsistas do CNPq a viajar para o exterior estava um jovem e brilhante patriota: Luiz Fernando Gouvêa Labouriau, filho de Ferdinando Labouriau. Botânico autodidata, ele fora aluno de Álvaro Alberto na Escola Naval e trabalhara em Manguinhos, no Museu Nacional e no Jardim Botânico. Com a bolsa do CNPq, estudou no Instituto de Tecnologia da Califórnia, onde teve a oportunidade de ser treinado por ninguém menos que Frits Went, que nos anos 1920 havia descoberto os primeiros hormônios vegetais, as auxinas.

Depois de regressar do doutorado, Labouriau fundou a fisiologia vegetal no Brasil. Nos anos 1950, sua formidável trajetória representava o investimento inédito do Estado brasileiro na formação em altíssimo nível de uma nova geração de cientistas extremamente qualificados e, no anglicismo tão a gosto do mercado, disruptivos. Lançadas as bases do nosso Sistema Nacional de Ciência, Tecnologia e Inovação (SNCTI), estava dada a largada para a construção de uma verdadeira soberania — e seus frutos não tardaram a ser colhidos, ainda que debaixo da chuva grossa da ditadura.

1967 A 1975

Criação da Financiadora de Estudos e Projetos (Finep), do Fundo Nacional de Desenvolvimento Científico e Tecnológico (FNDCT), da Empresa Brasileira de Aeronáutica (Embraer), do Instituto Nacional da Propriedade Industrial (INPI), da Empresa Brasileira de Pesquisa Agropecuária (Embrapa), do Instituto Nacional de Metrologia, Qualidade e Tecnologia (Inmetro) e do Programa Nacional do Álcool (Proálcool).

Enquanto perseguia pesquisadores, professores e estudantes, expurgando universidades e institutos de comunistas, anarquistas e insubmissos em geral até chegar à simples caça de desafetos, o governo militar paradoxalmente lançou as bases para a estruturação de um pujante setor inovador. Através do FNDCT, a Finep construiu e equipou centenas de laboratórios de pesquisa, fomentando a aquisição e o desenvolvimento de equipamentos de alta complexidade por universidades, institutos e empresas.

Em 1969 foi criada a Embraer, que alcançou excelência mundial na fabricação de aeronaves de pequeno e médio porte. Ainda nos anos 1960, no município fluminense de Seropédica, a agrônoma Johanna Döbereiner descobriu como utilizar bactérias para fixar nitrogênio, eliminando o uso de adubos nitrogenados e barateando a produção agrícola. Nas décadas seguintes, o impacto dessa descoberta seria maximizado pelo investimento consistente no melhoramento genético levado a cabo pela Embrapa.

Em 1975 foi lançado o Proálcool, bem-sucedido programa de substituição de derivados de petróleo. O vasto Planalto Central, antes considerado ermo e improdutivo, passou a ser um dos maiores celeiros do mundo. Em poucos anos, realizamos uma revolução tecnológica que transformou veredas em soja, combustíveis fósseis em indústria automobilística, cana-de-açúcar em etanol, engenharia em carros e aviões. Sem perder de vista o desastre ambiental causado por esse modelo, o fato é que a ciência passou a impulsionar fortemente a economia.

Foi também um período de acirramento da luta pela redemocratização e do retorno dos exilados, com grande protagonismo da SBPC. Ainda antes da anistia geral, a UFRJ conseguiu reintegrar o físico José Leite Lopes e o antropólogo Darcy Ribeiro. Por meio da ABC e da atuação de personalidades, como Leite Lopes, aumentou-se a pressão para a criação de um ministério exclusivamente dedicado à ciência.

1985 A 2002

Criação do Ministério da Ciência e Tecnologia (MCT), promulgação da nova Constituição Federal, Fundo de Manutenção e Desenvolvimento do Ensino Fundamental e de Valorização do Magistério (Fundef) e criação dos fundos setoriais.

A redemocratização trouxe para a Esplanada, em Brasília, um novo ministério exclusivamente dedicado à ciência e tecnologia, sob a autoridade moral do militar e diplomata Renato Archer. O novo ministro promoveu a repatriação de inúmeros cientistas brasileiros exilados durante a ditadura, entre eles Labouriau. Com a ajuda da atuação aguerrida da comunidade científica, a Constituição de 1988 consagrou os direitos à educação, pesquisa científica, cultura e arte e determinou que essas atividades fossem de fato financiadas — mas não havia um arranjo legal que garantisse a existência de recursos. No início dos anos 1990, foi colocado em atividade o Sistema Único de Saúde (SUS) — cuja importância para os brasileiros é ainda mais evidente hoje, com a epidemia do novo coronavírus.

Já no governo do presidente Fernando Henrique Cardoso, com a criação do Fundef e os múltiplos fundos setoriais do MCT, surgiu um arcabouço para financiar a multiplicação de laboratórios de pesquisa de ponta no país e garantiu-se um mínimo de suporte para a educação fundamental. Entretanto, o aumento real do financiamento científico precisou esperar o governo seguinte, pois no governo FHC os recursos do FNDCT foram majoritariamente contingenciados.

Era o início de minha formação científica, e eu ignorava tudo isso. Em uma noite de lua nova, Labouriau falou sobre os tunicados, animais que desafiam a zoologia por possuírem uma túnica de celulose. E então disparou: "Seria possível induzir seu crescimento utilizando um hormônio vegetal?". Siderado por essa pergunta selvagem, me lancei em plenas férias de julho numa viagem de mais de mil quilômetros até o Centro de Biologia Marinha da USP, em São Sebastião. Como dizia o mestre, "para tudo há o preço de ter e de não ter". Labouriau pagou pelos aquários e pelos equipamentos, a mim coube a passagem de avião. Mergulhei no mar gelado, coletei dezenas de tunicados e os transportei vivos até o laboratório do professor Labouriau, em Brasília. Lá havíamos instalado aquários de água marinha bem controlados, em todos os parâmetros possíveis, a fim de receber os tunicados em pleno Cerrado. Meses depois, saldamos juntos a fatura final da frustração, quando as auxinas se mostraram incapazes de fazer os animais crescerem. Mas valeu a pena. Resultados negativos ensinam muito.

Em 1994 cursei o mestrado no Instituto de Biofísica Carlos Chagas Filho, da UFRJ, sob a orientação do neurocientista Ricardo Gattass. Meu trabalho buscava demonstrar que o cérebro do gato possui blobs, estruturas neurais adaptadas à visão colorida, até então só observadas em primatas. O projeto havia sido iniciado na Universidade de Brasília com os neurocientistas Marco Marcondes de Moura, Valdir Pessoa e Paulo Saraiva, mas aquele era um período muito difícil para fazer pesquisa fora do eixo Rio-São Paulo. A precariedade se fazia evidente na utilização de reagentes vencidos, na falta de regulação para o uso de animais em pesquisa, nas bibliotecas deficientes, nos salários achatados e nas bolsas defasadas. Mesmo com tantas limitações, insistíamos em buscar num felino os blobs supostamente específicos dos primatas.

A ida para a UFRJ me abriu novos horizontes. Lá encontrei pela primeira vez muitos artigos científicos que buscara em vão na UnB. Em 30 de abril, varei com meus companheiros a noite de sábado para domingo em busca de uma demonstração conclusiva da existência dos blobs em gatos. Quando por fim deixamos o laboratório, com o sol já alto, nos inteiramos de que Ayrton Senna havia morrido tragicamente. Além do homem, morria um símbolo da excelência brasileira. Por meses enfrentamos ceticismo quanto à existência dos blobs em felinos. Alguns colegas só acreditaram quando viram resultados idênticos publicados por pesquisadores estrangeiros.

Em 1995 comecei o doutorado na Universidade Rockefeller, em Nova York. Se a mudança de Brasília para o Rio de Janeiro havia sido fértil, a ida para Nova York provocou uma verdadeira revolução. Aquela pequena universidade de pesquisa biomédica de Manhattan possuía mais prêmios Nobel por metro quadrado do que qualquer outra instituição do planeta. Logo no início o decano me esclareceu que, assim como todos os doze alunos admitidos a cada ano, eu teria carta branca para pesquisar o que quisesse, com recursos oriundos da própria universidade, sem ligação específica com nenhum laboratório, a fim de maximizar a liberdade. A biblioteca do Founders Hall, edificação mais antiga da universidade inaugurada em 1901, possuía não apenas alguns dos artigos que eu gostaria de ler: tinha *todos* eles, sem exceção, desde o final do século XIX até o presente.

Sob a supervisão dos neurocientistas Claudio Mello e Fernando Nottebohm e com a mentoria de Constantine Pavlides pesquisei aspectos moleculares e anatômicos do funcionamento cerebral de pássaros e ratos, buscando compreender de que forma o canto é codificado e qual o papel do sono na consolidação de memórias. Nunca fui tão livre nem feliz na ciência quanto naqueles anos mágicos em que tudo parecia possível.

Junto com Mello e o também neurocientista Sergio Neuenschwander comecei a imaginar a construção de um novo instituto para pesquisar o cérebro no Brasil. Em 1998 falamos de nosso sonho de repatriação ao neurocientista Torsten Wiesel, então presidente da Universidade Rockefeller. Prêmio Nobel de medicina de 1981 pela descoberta de mecanismos fundamentais do sistema visual, Wiesel nos alertou que levaríamos muito tempo para atingir aquele objetivo, mas mesmo assim nos encorajou a seguir adiante.

Em 2000 iniciei meus estudos de pós-doutoramento na Universidade Duke, sob a supervisão do neurocientista Miguel Nicolelis. Nossa pesquisa revelou mecanismos eletrofisiológicos e gênicos responsáveis pelo fortalecimento, pelo apagamento e pela modificação das memórias durante o sono. Em 2003, embalados pelo compromisso do novo governo de diminuir desigualdades, parecia a hora certa de voltar à ideia do instituto. Decidimos então implantar um centro de neurociências de padrão internacional em Natal, uma entidade capaz de repatriar brasileiros, atrair estrangeiros e treinar múltiplas gerações de jovens cientistas. Em outras palavras, fazer ciência de ponta na periferia regional de um país periférico.

Apesar de muito ousado, o plano não era desprovido de racionalidade. Natal é uma cidade atraente para pessoas de todo o planeta. A Universidade Federal do Rio Grande do Norte (UFRN) mostrava franca ascensão em áreas afins, como a psicobiologia. Além disso, estavam dadas novas condições objetivas para a necessária revolução científica do Terceiro Mundo. O acesso a computadores cada vez mais potentes e baratos aumentou muito a capacidade de coleta e análise de dados. Além disso, a virada do milênio assistiu à explosiva expansão da web, que nos anos 1990 havia começado a disponibilizar, em tempo real, as publicações científicas mais recentes. No ano 2000 foi lançado o Portal de Periódicos da Capes, que ainda hoje dá acesso gratuito a mais de 48 mil publicações científicas. Passou a ser corriqueiro, para todo aluno de pós-graduação, ter acesso imediato a quaisquer artigos de interesse. O atraso de meses ou anos para se inteirar das descobertas realizadas nos países do Primeiro Mundo, uma desvantagem sistêmica desde o início de nosso desenvolvimento, havia sido subitamente eliminado, liberando a imaginação de milhares de cientistas em todo o território nacional. O sonho futurista de Ferdinando Labouriau, em 1928, se tornara realidade no século XXI.

2003 A 2010

Quadruplicação do investimento total em CT&I (ciência, tecnologia e inovação), criação do Fundo de Manutenção e Desenvolvimento da Educação Básica e de Valorização dos Profissionais da Educação (Fundeb), fundação de catorze universidades federais, 38 institutos federais de educação, ciência e tecnologia e 123 institutos nacionais de ciência e tecnologia, e priorização de iniciativas além do eixo Rio-São Paulo, por meio da construção de centros multiusuários de envergadura nacional.

A eleição do presidente Lula representou uma oportunidade única de expansão e amadurecimento para nossa ciência, que passou a ser prioridade máxima para o governo federal, mesmo durante a crise financeira de 2008. O mais duradouro e consistente período de nossa história com investimento forte em ciência, tecnologia e inovação teve efeitos muito positivos na quantidade e no impacto da produção científica, bem como na formação de recursos humanos qualificados e na desburocratização da pesquisa.

Em paralelo, a destinação de 30% dos recursos oriundos dos fundos setoriais para as regiões Norte, Nordeste e Centro-Oeste — iniciada em 1997, mas que só ganhou impulso relevante a partir de 2003 — passou a fomentar a radicação de cientistas sudestinos e sulistas nas regiões mais carentes do país. Em especial, sou da geração de pesquisadores que enxergaram no Nordeste a Califórnia brasileira e para lá emigraram, cheios de entusiasmo pelo seu povo, sua cultura e sua natureza. A fartura do financiamento de bolsas, projetos e equipamentos levou a um sentimento inédito: "Agora vai!".

De 2005 a 2010, sob o comando firme do físico Sérgio Rezende, do Departamento de Física da Universidade Federal de Pernambuco, o MCT se transformou num ministério verdadeiramente influente. Não é coincidência que o período mais potente de nossa trajetória científica tenha ocorrido sob a liderança de um cientista profissional de tão alto calibre, que durante uma gestão excepcional conseguiu seguir publicando a cada ano, sem exceção, artigos originais — muitos deles como único autor.

Articulado com as Fundações de Amparo à Pesquisa (FAPS) que se espalharam pelos estados na trilha da Fapesp, o ministério começou a funcionar como eixo da rede público-privada necessária para que o Brasil realizasse um salto qualitativo. Em 2007, o Fundef foi ampliado para constituir o Fundeb, que inclui a educação infantil, o ensino médio e a educação de jovens e adultos. O pensamento científico começou a se espalhar pelo país como poderosa ferramenta de transformação social, com a disseminação de polos de ciência, tecnologia e inovação mesmo nas regiões mais pobres.

A decisão política de criar fundos setoriais permitiu um salto maiúsculo na infraestrutura científica do Brasil. O FNDCT recebeu cerca de 58 bilhões de reais em recursos privados, com enorme retorno dos investimentos em ciência e tecnologia. Os ganhos de produtividade da agricultura brasileira, por exemplo, estão diretamente relacionados aos investimentos em pesquisa feitos pela Embrapa e pelas universidades, que aumentaram de forma drástica o rendimento da soja, gerando um faturamento de cerca de 15 bilhões de reais ao ano. Raciocínio semelhante se aplica à energia de fontes renováveis, à medicina de alta tecnologia e à proliferação de startups. Empresas de forte protagonismo internacional, como a Embraer, com carteira de 20 bilhões de dólares, foram alavancadas por parcerias com universidades públicas para inovar e formar pessoal. Na saúde, houve grande melhoria, com o enfrentamento assertivo de epidemias emergentes e o aumento da expectativa de vida dos brasileiros em quatro anos por década.

A ciência enfim começava a expressar com nitidez seu gigantesco potencial de transformar o Brasil num país desenvolvido, equânime no acesso a uma vida digna, ambientalmente responsável, exportador de produtos e processos de alto valor agregado, apto a investir e reinvestir seus melhores recursos na educação do povo para assim se livrar do cachimbo que há quinhentos anos lhe entorta a boca: o arraigado colonialismo das trocas ultradesiguais, tanto dentro da nação quanto no plano mundial.

O governo Lula, único a garantir contingenciamento zero do FNDCT, foi o ápice desse ciclo virtuoso, com um total de 10 bilhões de reais efetivamente investidos em ciência, tecnologia e inovação, em 2010. Houve crescimento notável na quantidade e na qualidade da pesquisa brasileira, com aumento substancial da produção anual de publicações, citações e patentes, além de crescimento no número de doutores por milhão de habitantes. Rumávamos para um investimento em CT&I próximo de 2% do PIB.

Datam desse período diversas iniciativas tecnológicas de grande alcance, como, por exemplo, a invenção de novas formas de exploração e produção de petróleo e gás offshore, por meio da inovação na interface entre a Petrobras e o Instituto Alberto Luiz Coimbra de Pós-Graduação e Pesquisa de Engenharia (Coppe), da UFRJ. Essa interface levou à construção de um Laboratório de Tecnologia Oceânica (LabOceano) para simulação realista da operação de estruturas e equipamentos em águas com até 3 mil metros de profundidade. O pré-sal hoje responde por 60% da produção de petróleo do Brasil, gerando 60 bilhões de reais por ano.

A intenção do governo federal de investir os royalties do pré-sal em educação e, se possível, em ciência, tecnologia e inovação reforçava a sensação de que a ciência nacional se tornara um gigantesco e poderoso transatlântico, cheio de partes sofisticadas muito bem articuladas, com produtividade crescente e avaliação de desempenho cada vez mais próxima dos melhores padrões internacionais. De olhos fechados, vislumbro com nitidez aquela famosa capa da revista *The Economist* em 2009, com a imagem do Cristo Redentor rumando para o alto como se fosse um foguete prestes a romper a estratosfera. O título não deixava dúvidas: "O Brasil decola".

Ao mesmo tempo, o projeto de neurociências em Natal avançava. Em 2007, Fernando Haddad, então ministro da Educação, criou vagas docentes e técnicas para suprir o quadro funcional que hoje constitui o Instituto do Cérebro da UFRN. A partir de 2008 foram realizados concursos para preencher tais vagas, e assim me tornei professor da UFRN, com muito orgulho. A Finep realizou os primeiros aportes de recursos públicos para o projeto, permitindo a aquisição de equipamentos bastante valiosos para o Instituto Internacional de Neurociências de Natal Edmond e Lily Safra (IINN-ELS).

A promessa dessa parceria público-privada era atrair para Natal neurocientistas do mais alto nível. A sensação era de que já não havia nada entre o goleiro e o gol. O futuro era nosso.

2011 A 2015

Criação do Programa Ciência sem Fronteiras e início do contingenciamento do FNDCT.

Só que não. Do ponto de vista da ciência, as gestões da presidente Dilma Rousseff foram marcadas pelo profundo descompasso entre metas e resultados alcançados. O que começou com incrível ímpeto de expansão, sem paralelo na história do país — a criação de um ambicioso programa de bolsas de estudos no exterior, o Ciência sem Fronteiras —, pouco a pouco evoluiu para a maior rasteira política que os cientistas poderiam levar: o progressivo e implacável contingenciamento dos recursos e a perda gradual de prestígio do Ministério de Ciência e Tecnologia, até este por fim ser incorporado ao Ministério das Comunicações, no início do governo Michel Temer. Mas as coisas não pioraram rápido. Ao contrário: o volume de bolsas e auxílios vigentes era tão grande que o SNCTI ainda navegou alguns anos, por inércia.

No caso do projeto de neurociências em Natal, o período foi marcado pelo divórcio entre seus polos público e privado, resultando na fundação do Instituto do Cérebro da UFRN, em 13 de maio de 2011. Perdemos para o IINN-ELS todos os equipamentos e edifícios até então existentes, mas retivemos a quase integralidade dos pesquisadores. A separação acabou dando vazão a um enorme potencial criativo, e obtivemos um aumento progressivo na quantidade e na qualidade das publicações — 333 artigos desde 2011, a maioria deles publicada em periódicos de alto impacto internacional. Em 2014, o neurocientista Torsten Wiesel liderou a primeira visita de avaliação de nosso Conselho Científico Internacional. Fomos aprovados, ouvimos recomendações e seguimos adiante.

O naufrágio do SNCTI começou de modo quase imperceptível, com uma pequena fissura no casco do navio. O ponto de inflexão — o momento em que o *Titanic* bateu no iceberg, muito antes de ir a pique — talvez tenha ocorrido em julho de 2011, quando o então ministro da Ciência, Tecnologia e Inovação, Aloizio Mercadante, e a presidente Dilma Rousseff anunciaram que o Ciência sem Fronteiras atingiria 100 mil estudantes — e que não seriam usados recursos já alocados para fomento em território nacional, pois haveria recursos extras. Isso parecia plausível naquele momento, já que desde 2010 havia a perspectiva — afinal implementada nos anos seguintes — de vincular à educação os royalties do petróleo.

Mas a realidade se mostrou cruel com essas expectativas. O preço do petróleo despencou, e o Brasil entrou em feroz crise política e econômica. O superdimensionamento do Ciência sem Fronteiras consumiu recursos internos, e o contingenciamento de recursos para o setor acabou se tornando norma. A pós-graduação começou a ser asfixiada, lenta mas inexoravelmente, pois a expansão das bolsas cessou e as vagas começaram a escassear. Para piorar, em 2013 ocorreu o último reajuste das bolsas, cujos valores reais acabaram achatados em níveis indignos — hoje, ao mês, 1500 reais para o mestrado e 2200 reais para o doutorado, sem quaisquer direitos trabalhistas.

À medida que a fonte de recursos secava, voltou a ser considerado normal os pesquisadores pagarem do próprio bolso por insumos, pequenos equipamentos e viagens a congressos científicos. O cheiro de queimado começou a se espalhar.

E então, em junho de 2013, as cidades brasileiras explodiram.

Como tantos compatriotas, cientistas de todas as especialidades saíram às ruas para lutar por pautas progressistas, mas hoje sabemos que aquela convulsão social marcou o começo da ascensão dos energúmenos. Meros quatro anos depois da capa do Cristo Redentor decolando vitorioso, *The Economist* revisitou a ideia com sarcasmo, numa capa em que o Cristo-foguete perdia o rumo e embicava para baixo. O título na capa era terrível: "O Brasil estragou tudo?".

2016 A 2018

Impeachment presidencial, aprovação do teto de gastos públicos por vinte anos, reversão das bem-sucedidas políticas científicas e culturais adotadas na primeira década do século, incorporação do Ministério da Ciência, Tecnologia e Inovação ao Ministério das Comunicações, aumento insensato do contingenciamento do FNDCT e corte de bolsas.

A conspiração que instalou Michel Temer na Presidência da República acelerou, de modo completamente irresponsável, o desmonte da ciência brasileira. O novo governo se pautou por forte redução dos investimentos na área, corte de bolsas e contingenciamento violento das verbas do fundo de fomento a ciência e tecnologia. A restrição orçamentária das universidades motivou profundos cortes nos serviços de segurança, limpeza e aquisição de insumos básicos. No Instituto do Cérebro, dispensamos 50% dos vigilantes e passamos a adquirir a ração dos animais de laboratório com recursos do próprio bolso.

Para piorar, a grande maioria das FAPS estaduais entrou em colapso, perdendo a capacidade de honrar seus compromissos. Com a exceção da Fapesp, de São Paulo, projetos já iniciados tiveram seu financiamento abortado. Tornou-se rotina para os pesquisadores fora do âmbito da Fapesp cobrir custos de pesquisa com recursos próprios, aumentando as disparidades regionais. O tempo acelerou vertiginosamente, e a catástrofe iminente começou a tirar o sono de quem compreendia a gravidade da situação.

2019 E 2020

Brutal restrição orçamentária para CT&I, insegurança quanto ao pagamento mensal de bolsas, demissão de dirigentes científicos não alinhados com o governo federal e aumento do contingenciamento do FNDCT).

Infelizmente, nada é tão ruim que não possa piorar. No governo Jair Bolsonaro, a ciência — como tantas outras esferas da sociedade — sofreu ataques cáusticos em todos os níveis. Os recursos para as áreas de ciência, tecnologia e inovação regrediram aos níveis de vinte anos atrás, com perda total dos ganhos obtidos na primeira década. Em 2020, 87,7% do FNDCT está contingenciado. Do total de 4,9 bilhões de reais, apenas 600 milhões de reais estarão de fato disponíveis. A parte do orçamento do CNPq destinada ao fomento científico encolheu 84,4% em 2020. O orçamento da Capes para 2020 é 32% menor do que o do ano anterior, com redução de 26% nos recursos para bolsas de ensino superior e de 51% nos destinados à capacitação e formação continuada na educação básica.

E isso não é tudo. Por meio de portarias, decretos e medidas provisórias, o governo atuou sistematicamente para extinguir a autonomia acadêmica e gerencial das universidades, bem como a participação de cientistas em conselhos federais ligados ao meio ambiente e à política de drogas, entre outros. O CNPq anunciou a centralização da seleção de bolsistas, retirando dos orientadores e de seus pares a responsabilidade de escolher seus próprios estudantes. Candidatos a reitor em terceiro lugar na lista tríplice, com votação irrisória, vêm sendo empossados — na Universidade Federal do Ceará, por exemplo, o reitor nomeado teve menos de 5% dos votos. Ecoa em minha mente o alerta do filósofo Renato Janine Ribeiro, ex-ministro da Educação, sobre o ataque frontal à autonomia universitária representado pela medida provisória nº 914/2019, que transformará reitores em interventores. Limitações à livre circulação de pesquisadores em congressos científicos foram publicadas no *Diá-*

rio Oficial, mas após a inflamada reação da opinião pública a medida foi suspensa.

O impacto na pós-graduação foi enorme. Em 2019 foram canceladas 7590 bolsas de pós-graduação no Brasil, sendo que a região Nordeste foi a que proporcionalmente mais perdeu. Tornou-se comum que estudantes sem bolsa recebam modestos auxílios financeiros de seus orientadores. Pouco tempo atrás, três portarias — de números 18, 20 e 21 — avançaram ainda mais no processo de destruição da pós-graduação ao priorizar a concessão de bolsas para programas que sejam bem avaliados pela Capes, mas desde que localizados em municípios de baixo Índice de Desenvolvimento Humano (IDH).

A medida, cuja intenção é reduzir desigualdades, na prática vai implodir o esforço de criação de pós-graduações de excelência fora do eixo Sul-Sudeste. Infelizmente, pós-graduações com notas altas da Capes em municípios muito pobres — os alvos prioritários da nova estratégia de financiamento — quase não existem. O programa de pós em neurociências da UFRN, onde atuo, tem hoje, no primeiro semestre de 2020, trinta pós-graduandos com bolsa e doze sem bolsa. Nas palavras de seu coordenador, Rodrigo Neves Romcy Pereira, também discípulo de Labouriau: "A medida irá asfixiar os novos programas de pós-graduação, que deveriam, pelo contrário, estar sendo apoiados e incentivados a gerar novos projetos. Inovação pressupõe novas ideias, programas novos nas regiões com potencial de crescimento". Uma cidade como Natal, capital de um estado periférico da União mas com IDH relativamente alto, será excluída de quaisquer benefícios.

E tem mais. A proposta de reforma administrativa apresentada pelo governo Bolsonaro pretende acabar com a estabilidade dos servidores, permitir a redução de salários e de jornadas, ampliar o estágio probatório e reduzir o salário de ingresso no serviço público. Todas essas medidas, sem exceção, diminuem a capacidade do Brasil de recrutar cientistas.

Em setembro de 2019, fiscais municipais a mando do prefeito do Rio de Janeiro, Marcelo Crivella, fizeram busca e apreensão de títulos com temática LGBTQ na Bienal do Livro. Lembrei-me da grande queima de livros pelos nazistas em 1933. No trânsito engarrafado perto do Riocentro, onde se realizava a bienal, conversei bastante com o motorista de Uber sobre a crise. Depois de escutar calado meia hora de ufanismo bolsonarista, aproveitei a deixa de uma pergunta retórica ("Concorda?") e pedi licença para discordar.

Descrevi a humilhação dos pesquisadores que precisaram fazer várias mobilizações nacionais em 2019 apenas para garantir a bolsa do próximo mês. Expliquei que tinha vários alunos sem bolsa, os quais ajudava como podia. Dei testemunho da evasão dos cérebros mais preparados. Lamentei a irresponsabilidade do governo em negar os dados do Instituto Nacional de Pesquisas Espaciais (Inpe) sobre as queimadas da Amazônia e ponderei que a verdadeira riqueza da floresta não é minério algum, e sim os genes e proteínas dos incríveis seres que lá existem, cujos usos ancestrais só os índios conhecem e, portanto, é preciso preservar e pesquisar, jamais destruir. O motorista disse, constrangido: "Poxa, nunca tinha pensado pelo seu lado". Não me contive: "O nosso lado, né? Pois tem muita ciência no seu carro, no seu celular e também no aplicativo que você usa para trabalhar". Ele concordou, balançando a cabeça, aparentemente convencido.

Para piorar, em agosto de 2019 o então presidente do Inpe, o eminente físico Ricardo Galvão, fora exonerado e caluniado pelo presidente da República por ter divulgado dados indicando o aumento desenfreado do desmatamento da Amazônia. O tempo mostraria que os dados estavam corretos — quase 30% de aumento em 2019. Em dezembro, Galvão foi incluído pela revista *Nature* na lista dos dez cientistas mais relevantes do ano.

O brilho internacional de Galvão contrasta com o obscurantismo que se dissemina pela sociedade. Assistimos estupefatos ao aparelhamento da Embrapa por ruralistas e ao fechamento de seus centros de pesquisa. Testemunhamos a venda da bem--sucedida Embraer para a Boeing, no auge da crise dessa multinacional. Assistimos à desestruturação galopante do Inpi e do Inmetro. Estamos imersos numa guerra cultural regressiva de teor orwelliano, em que paz significa guerra, verdade significa mentira, amor significa tortura e abundância significa fome.

Existe resistência, claro. A forte mobilização de entidades como a Sociedade Brasileira para o Progresso da Ciência e a Academia Brasileira de Ciências, sobretudo por meio da Iniciativa para a Ciência e Tecnologia no Parlamento (ICTP.br), conseguiu evitar o contingenciamento de diversos itens do orçamento de 2020, garantindo recursos para manter as bolsas do CNPq, mas não para ampliá-las, o que seria necessário para nosso desenvolvimento saudável.

Ao longo de 2019, a proposta de fundir o CNPq e a Capes foi defendida com veemência pelo Ministério da Educação, sem qualquer estudo de viabilidade ou simulação de prós e contras. A comunidade científica se opôs e conseguiu resistir, mas nestes primeiros meses de 2020 a batalha para salvar nossa ciência se anuncia mais desesperada do que nunca. Forças poderosas se movimentam para destituir a Finep como secretaria executiva e agente financeira do FNDCT, sufocando-a. A emenda constitucional que propõe a extinção dos fundos infraconstitucionais — cujos recursos são destinados a áreas específicas, inclusive científicas — será um golpe de misericórdia se incluir o FNDCT. Em 4 de março a emenda foi aprovada pela Comissão de Constituição e Justiça do Senado, mas o FNDCT não foi afetado, graças a uma mobilização ampla que reuniu desde o PT até a Marinha. Entretanto, ainda existe o risco de que isso seja revertido em plenário.

Se nossa ciência é um transatlântico, qualquer alteração de rota precisa ser suave, muito bem planejada, e seus impactos necessitam ser avaliados em profundidade. Exatamente o contrário do que está acontecendo.

Fecho os olhos e sinto o calor do lado de fora das pálpebras. Impressionante como a ciência é vista por nós, brasileiros e brasileiras, como algo exógeno, alheio, alienígena, sempre "pelo lado de fora". O cineasta Jorge Furtado expressou, no título de seu livro *Um astronauta no Chipre*, a angústia e o sentimento de orfandade muito agudos de quem fazia cinema brasileiro na contramaré dos anos 1980. Lembro-me do escritor Domingo Sarmiento, presidente da Argentina entre 1868 e 1874, que dobrou o número de escolas públicas no país. Me assombro com a lembrança do slogan "Pátria educadora", abortado no segundo governo Dilma pelo desmonte que não cessa desde então. Reverberam as declarações do ministro da Educação, Abraham Weintraub, contra investimentos em cursos de filosofia e em prol de áreas que "geram retorno de fato". Visualizo a péssima educação básica brasileira, matriz de todos os terraplanismos, criacionismos, anti-intelectualismos, histrionismos e narcisismos. Imagino o Sirius, o maior acelerador de partículas do hemisfério sul, que vem sendo instalado desde 2014 no Laboratório Nacional de Luz Síncrotron, em Campinas, ao custo de 1,8 bilhão de reais, custeado pelo Ministério da Ciência, Tecnologia, Inovações e Comunicações. Penso nos investimentos necessários para mantê-lo operacional e engasgo.

Recordo também a declaração da ministra da Mulher, da Família e dos Direitos Humanos, Damares Alves, de que "a Igreja evangélica perdeu espaço na história. Nós perdemos espaço na ciência quando nós deixamos a teoria da evolução entrar nas escolas, quando nós não questionamos. Quando nós não fomos ocupar a ciência. A Igreja evangélica deixou a ciência para lá e 'vamos deixar a ciência sozinha, caminhando sozinha'. E aí cientistas tomaram conta dessa área". Rememoro o proselitismo criacionista do atual presidente da Capes, Benedito Guimarães Aguiar Neto. Louvado seja nosso senhor Jesus Cristo! Penso na tropa de choque parlamentar do conservadorismo anticientífico. Estamos perdidos.

Que Chipre, que nada: fazer ciência no Brasil é como ser astronauta em Krakatoa, ou violinista no convés do *Titanic*. Sensação de hecatombe iminente, como no filme *Melancolia*, de Lars von Trier. Tenho pesadelos com funcionários do Estado que recebem salários e benesses acima do teto constitucional e mesmo assim atuam para liquidar o Estado. Me afligem o Gene Kelly do Mal, o "melhor Enem do mundo", os adoradores de "Kafta" e os erros ortográficos sistemáticos no Twitter. Sinto engulhos com o presidente da Fundação Cultural Palmares, Sérgio Nascimento de Camargo, que detrata Zumbi e o Dia Nacional da Consciência Negra. O elenco tosco se apresenta num transe impreciso que mistura Glauber Rocha, Monty Python e *Sexta-feira 13*.

O que será de nós quando esse processo se completar? O que faremos, por exemplo, diante de novas epidemias? Em 2015, apesar de contarmos com poucos especialistas em zika vírus, a ligação da infecção com a microcefalia foi estabelecida em menos de seis meses pelas equipes dos pesquisadores Celina Turchi, da Fundação Oswaldo Cruz em Pernambuco, Stevens Rehen, da UFRJ e do Instituto D'Or, e Patricia Beltrão Braga, da USP, com publicações nos periódicos *Science* e *Nature*. Em 2020, as cientistas Ester Sabino e Jaqueline de Jesus, ambas da USP, conseguiram sequenciar o genoma do coronavírus em apenas 48 horas, quando outros países levam em média quinze dias. Esses episódios demonstram que ainda temos um contingente expressivo de cientistas de excelência, com capacidade de resposta rápida diante de emergências de saúde pública. O risco que corremos ao abandonar a ciência é não haver no futuro próximo quem efetivamente seja apto a solucionar tais problemas. Corremos o risco de perder contato com a ciência mundial, até o ponto de já não conseguirmos nem ao menos compreender os avanços mais recentes.

É preciso ver as coisas em perspectiva. Entre 1950 e 1980, o PIB do Brasil cresceu 7,1% ao ano, quase o dobro da taxa de crescimento do PIB global, mas desde então nosso crescimento foi medíocre. Na primeira década dos anos 2000, o PIB cresceu em média 3,4% ao ano. Entre 2010 e 2019, caiu para apenas 1,4% ao ano, em média — o pior índice de crescimento desde 1900. Essa estagnação está diretamente ligada à baixa produtividade do trabalho, à queda na massa salarial e à má qualificação da mão de obra. Como resultado, a participação do Brasil no PIB mundial passou de 4,4% em 1980 para apenas 2,5% em 2018. Não surpreende, portanto, que o Brasil tenha sido o terceiro país do mundo que mais se desindustrializou entre 1980 e 2020. A participação das manufaturas na geração de emprego e valor agregado caiu de 33% para cerca de 10%. E tudo isso vai se agravar com o desmonte da ciência.

Nas palavras de Luiz Antonio Elias, secretário executivo do Ministério de Ciência e Tecnologia entre 2007 e 2014, "precisamos discutir sobre os riscos de termos o sistema nacional de ciência e tecnologia ameaçado". Segundo ele, "na contramão do mundo, o atual governo isenta o Estado de suas funções determinadas pela Constituição ao depositar no mercado o papel central na condução de nossa sociedade".

Na mesma linha, o presidente da SBPC, Ildeu de Castro Moreira, declarou que "o corte em ciência e tecnologia nos últimos anos foi muito maior que os cortes em outras áreas". Ele acrescenta: "As políticas de destruição do sistema são muito lesivas, pois elas ameaçam o país pelas próximas décadas". Como tem alertado Wanderley de Souza, ex-presidente da Finep, o Brasil investe muito menos em ciência e tecnologia do que os países desenvolvidos — os investimentos caíram de cerca de 1,7% do PIB em 2012 para 1,2% neste ano. A título de comparação, Estados Unidos, Alemanha e Japão alocam hoje entre 2,8% e 3,4% do PIB. Potências regionais como Israel e Coreia do Sul investem em torno de 4,2%. A China alcançou o patamar de 2,5%.

A escassez de cientistas também preocupa. Segundo a Unesco, o Brasil possui cerca de setecentos pesquisadores por 1 milhão de habitantes, em clara desvantagem comparativa com a

China (1100), a Rússia (3100), a União Europeia (3200), os Estados Unidos (3900), a Coreia do Sul (6400) e Israel (8300). O quadro tende a piorar muito com o êxodo científico em curso.

Nos últimos vinte anos, fizemos enormes investimentos em ciência, tecnologia e inovação, mas podemos perder tudo o que foi conquistado se não conseguirmos acompanhar a revolução tecnológica 4.0. E os poucos avanços obtidos podem acabar classificados na categoria infame de "voo de galinha". Como qualquer outra nação, o Brasil só atingirá a plenitude de suas potencialidades se for capaz de sustentar por várias décadas um investimento expressivo na tecnologia e na ciência. Depois de um começo de século auspicioso, demos marcha a ré e estamos entrando de costas no século XXI.

O pior que podemos fazer nesse momento é negar a catástrofe. Na última década, o Brasil despencou no Índice Global de Inovação, calculado anualmente pela Universidade Cornell, a Organização Mundial da Propriedade Intelectual e o Instituto Europeu de Administração de Empresas. Em 2011, éramos o 47º país mais inovador do mundo. Em 2019, caímos para a 66ª posição. A desigualdade econômica vem aumentando, a insegurança jurídica impera e a burocracia caprichosa dificulta toda a pesquisa. Nosso sistema está progressivamente sendo desengrenado e corremos o risco de um colapso científico-tecnológico sem precedentes. Ressoam as palavras do escritor Ignácio de Loyola Brandão: "Não verás país nenhum...".

Fevereiro de 2020, Carnaval em Olinda, Pernambuco. Cerveja, cachaça e milhares de pessoas subindo e descendo ladeiras, um prodígio de organização espontânea que logra proteger músicos e carros de som do caos turbulento. A multidão enche as ruas, pula, grita e se liberta de tudo o que não é amor. Um povo em gloriosa intimidade consigo mesmo. Minha visão se turva de cores, sons e cheiros. Seria tudo isso uma alucinação?

Fecho os olhos e tento vislumbrar o futuro. O que será preciso fazer para deter a explosão planetária do coronavírus? Será o fim de beijos, abraços e convívio? Sobreviveremos a todo esse isolamento? Haverá Carnaval no ano que vem? Escuto com nitidez a voz de Caetano Veloso: "Não se perca de mim/ Não se esqueça de mim/ Não desapareça".

Leio no jornal que, com a epidemia em curso, o presidente convocou um ato contra o Congresso e o STF para o dia 15 de março e sou tomado pela vertigem do abandono. Desde a descoberta dos antibióticos, em 1928, vivemos a sensação inédita de confiança numa vida longa. Mas se 2% da população mundial morrer por coronavírus, serão 150 milhões de pessoas mortas. Isso sem falar nas outras doenças cujo tratamento será recusado por falta de leitos. Me consola a esperança delirante de que a civilização adoradora do Deus dinheiro talvez aprenda algo da nova contradição: o mais desejado dos objetos é agora, também, a mais diabólica fonte de contágio, o mais atraente arauto da morte.

Abro os olhos. Que calor! Na cabeça trago um cocar protetor. Será que estou exagerando? O que precisamos fazer para superar este momento? Eis que escuto ao longe o hino da Pitombeira dos Quatro Cantos, um dos blocos mais tradicionais de Olinda, arquirrival histórico de outro bloco chamado Elefante: "Nós somos da Pitombeira/ Não brincamos muito mal/ Se a turma não saísse/ Não havia Carnaval". Em nosso país a arte popular exige, assim como a ciência e o esporte, um profundo esforço pessoal. Penso em Senna, Labouriau e Moa do Katendê, mestre de Capoeira de Angola e fundador do bloco de afoxé Badauê, assassinado pelas costas em 2018 com doze facadas, após discussão com um eleitor de Bolsonaro.

A pergunta de Labouriau não me sai da cabeça: qual é o preço de não termos ciência? Que país depreda a própria cultura? O que esperar de tão pouca educação e saúde? O que aprender com um experimento de nação que fracassou? Melhor seria aprender a partir de um resultado positivo. "Melhor seria ser filho da outra..."

Penso na profecia de Ferdinando Labouriau sobre o ano 2000 e de repente me toma a visão de um caboclo de lança defendendo altivamente a nação. Seria um sinal? O que vai salvar o Brasil é o povo! Vamos precisar de muita união, colaboração e maturidade para sair desta enrascada. Será preciso redimir passados e reconstruir um projeto de país, antes que ele afunde de vez. Está afundando.

No muro da igreja de Nossa Senhora do Amparo, em Olinda, um cartaz produzido pelas artistas Mariana Lacerda e Joana Amador evoca o famoso maracatu rural de Mestre Salustiano: "Lute como uma Piaba de Ouro". Vejo peixinhos nadando unidos no cardume harmônico, juntos mas separados, perto mas longe: ninguém encosta em ninguém, ninguém se afasta de ninguém...

E então me arrepio ao escutar o que a Pitombeira toca agora: "Olinda, quero cantar/ A ti esta canção/ Teus coqueirais, o teu sol, o teu mar/ Faz vibrar meu coração/ De amor a sonhar, minha Olinda sem igual/ Salve o teu Carnaval".

É o hino do Elefante.

A PROFECIA DE SÃO MARX

UM ESPECTRO RONDA O PLANETA — o espectro do capitalismo. Vinte anos após a queda do Muro de Berlim, o mercado livre bambeou e quase se estatelou por conta própria. O colapso do sistema financeiro internacional — talvez ainda em curso e de final imprevisível — advém da progressiva perda de pudor do lucro. Velhos revolucionários, discípulos de um santo que há muito não faz chover, piscam o olho com escárnio: não avisamos? São os devotos de uma teoria supostamente científica, o materialismo histórico de Karl Marx (1818-83).

Marx postulou que a trajetória humana não é determinada pelas ideias, mas pelas condições materiais da existência. É necessário trabalhar para viver. O trabalho cria capital na forma de bens, conhecimento e dinheiro, símbolo quase universal que permite trocas. Lucro é a apropriação de capital alheio, que gera desigualdade entre classes sociais. A história seria movida por confrontos cíclicos entre as classes, crises cada vez mais violentas rumo a um mítico processo de redistribuição de capital chamado revolução. Como tantos profetas semitas, Marx vislumbrou um oásis após a travessia do deserto. O futuro inexorável da espécie seria o comunismo, caracterizado por ausência de lucro e abundância de capital.

A contribuição de Marx teve profundas consequências culturais, mas sua validade científica foi duramente questionada. Constatado o totalitarismo socialista, passou a imperar a denúncia do marxismo como tolice perigosa. Panfletário e tacanho na teoria, autoritário e sectário na prática, o materialismo histórico seria o suprassumo das crenças metafísicas, ideologia arrogante que só floresceria no esquematismo das cartilhas políticas. Alvo de chacota após a queda retumbante da União Soviética, Marx passou a ser descrito como um profeta cego, incapaz de enxergar o vigor do capitalismo. Certo estaria Charles Darwin (1809-82): a lei natural da sociedade é a sobrevivência do mais forte.

Curiosos caracóis do tempo... Com a proliferação do crédito sem lastro, hipotecas sem pagador e outros fetiches cada vez mais descolados da realidade do trabalho, desmoronou o sistema baseado no símbolo do símbolo do símbolo do dinheiro. Como legado do desastre criado por "gente branca de olhos azuis", o custo ambiental exorbitou e já não há mais de onde extrair lucro. Seja pelo cerco popular ao Banco da Inglaterra, seja pelo sequestro de executivos na França, parece que a pirataria finalmente se engasgou com o osso.

O sistema financeiro vai sendo estatizado não por força de armas, mas a pedido de banqueiros falidos. Bônus milionários são taxados em 90% nos Estados Unidos. Barack Obama propôs investimentos inéditos em educação, saúde e ciência, certo de que a estratégia mais adaptativa é nutrir um mercado no qual todos ganhem.

Já não é absurdo crer em predições testáveis do materialismo histórico. Marx se concilia com Darwin na medida em que o antigo instinto da avareza, outrora eficaz, afinal se tornou suicida. O lucro nos trouxe até aqui, mas precisamos superá-lo para sobreviver. Não por acaso, Marx encontrou tanta devoção entre cristãos progressistas. Talvez o profeta barbudo tenha de fato descoberto a dinâmica fundamental da história. E talvez estivesse certo ao prescrever que a verdadeira racionalidade é o bem comum.

A GUERRA DOS GENES

CORRIA O REMOTO ANO 2000 e vivíamos uma aceleração tecnológica inédita capitaneada pelos Estados Unidos. O cenário futurista do desenho animado *Os Jetsons*, gravado no imaginário de toda uma geração como exemplo das novidades que o novo milênio traria, de repente parecia pouco diante da nova era. Em breve tudo seria automático, miniaturizado e com design inteligente. A rede mundial de computadores dava novo sentido ao termo "aldeia global". Abria-se a perspectiva do uso de células-tronco para reparar órgãos. O homem do novo milênio seria longevo e imbuído de toda a caridade que a prosperidade permite. A *Pax Americana* garantia pujança sem precedentes no círculo virtuoso do lucro, capaz de erradicar os males do mundo com a mão pesada e macia do Tio Sam.

Inútil resistir à nova ordem. Afinal, os Estados Unidos tinham o que mais importa na economia do amanhã: a cultura da inovação que alimenta continuamente o mercado com novos produtos, gerando ganhos de produtividade sem fim. Tornou-se comum que cientistas criassem empresas, a exemplo de Craig Venter e sua ousada iniciativa de realizar o sequenciamento privado do genoma humano, fundando o The Institute for Genomic Research. Pessoas que nunca tinham pensado em investir na bolsa começaram a fazê-lo sem intermediários, através de seus computadores. Doutorandos das melhores universidades multiplicavam sua renda nas horas vagas cada vez mais longas, iniciando uma febre de dinheiro fácil sem precedentes no ambiente acadêmico. Lendo as novas edições das revistas científicas ainda na madrugada, era possível comprar ações bem no início do pregão, faturando à medida que o mercado absorvia as implicações financeiras das recentes descobertas.

A estrela desse tecnocapitalismo foi o sequenciamento de genes. Todos queriam um pedacinho do genoma para si. Lembro distintamente da imensa expectativa antes do anúncio do genoma da drosófila, aperitivo para o prato principal a ser servido ainda no ano 2000: o genoma humano. No dia em que anunciaram a publicação dos genes da drosófila, todos investiram pesado na empresa de Craig Venter... mas a bolha estourou algumas horas depois, quando Bill Clinton e Tony Blair anunciaram a disposição de não permitir o patenteamento de genes. As ações das empresas biotecnológicas desabaram, e começou um furioso litígio jurídico. O mercado brandia a tese de que sem o incentivo do lucro, o progresso cessaria. Se não fosse permitido patentear genes, ninguém gastaria fortunas incalculáveis para sequenciar mais nada.

Mas isso foi há muito, muito tempo... Em 2020, um único pós-graduando bem equipado pode sequenciar em uma semana o que em 2000 demandava um ano de trabalho de um laboratório inteiro. Milhares de organismos diferentes já tiveram seu genoma desvendado. O primeiro genoma de pássaro canoro, por exemplo, foi publicado em 2010, na revista *Nature*, por uma equipe de 82 pesquisadores que incluiu os brasileiros Claudio Mello e Tarciso Velho. Ao mesmo tempo, exatos dez anos depois do banho de água fria de Clinton e Blair, um juiz dos Estados Unidos cancelou as patentes de genes ligados aos cânceres de mama e ovário. Começa a ficar claro que ninguém pode patentear aquilo que a natureza criou. O lucro não é o único motor do progresso. Mais poderosa que a ganância é a curiosidade humana.

CAÇADORES DE ONDAS

Em 1924, o primeiro registro de eletroencefalograma (EEG) humano evidenciou a existência de ondas de voltagem cerebrais. O estudo dessas ondas vem demonstrando que neurônios atuam de forma coletiva, sincronizando seus impulsos elétricos a ponto de gerar ondas detectáveis mesmo fora do crânio. Foi somente nos últimos anos, no entanto, que os neurocientistas começaram a descobrir que as ondas cerebrais escondem um código secreto. Se os rádios transmitem informação modulando a amplitude (AM) ou a frequência (FM) de oscilações eletromagnéticas, o cérebro dá indícios de utilizar estratégias similares.

Um dos grandes focos emissores de ondas cerebrais está situado no hipocampo, uma espécie de GPS interno. Por causa dele, somos capazes de aprender novas memórias espaciais — o mesmo tipo de recordação utilizada para se orientar em uma cidade desconhecida, por exemplo —, associando pontos de referência a localizações específicas, o que nos permite percorrer um trajeto. Em 2012, dois cientistas gaúchos radicados em Natal descobriram um novo padrão de onda elétrica gerada pelo hipocampo que pode estar intimamente relacionado com a formação de memórias.

O tamanho da façanha pode ser mais bem estimado se considerarmos que o hipocampo é uma das regiões mais estudadas de todo o cérebro. Recorrendo a uma metáfora zoológica, descobrir uma nova onda hipocampal em pleno século XXI é como descobrir uma nova espécie de primata no Parque Ibirapuera. Como é que ninguém viu isso antes?

A descoberta só foi possível graças a uma nova ferramenta matemática capaz de detectar padrões de interferência entre ondas cerebrais desenvolvida pelo neurocientista Adriano Tort, coordenador do estudo no Instituto do Cérebro da UFRN. Em suas próprias palavras: "Estudando como as ondas cerebrais conversam entre si, fomos capazes de identificar um novo padrão de comunicação, uma nova banda de frequências rápidas cuja amplitude é modulada por padrões mais lentos, que podem constituir um canal de transmissão importante utilizado pelo hipocampo para realizar suas funções".

Os resultados da pesquisa foram publicados na prestigiosa revista *Cerebral Cortex* e embasaram a primeira dissertação de mestrado concluída no Programa de Pós-Graduação em Neurociências da UFRN, defendida pelo aluno Robson Teixeira. Este ainda se espanta com o sucesso da caçada: "Cientistas do mundo inteiro rotineiramente realizam pesquisas visando entender como o hipocampo forma novas memórias, e por isso ficamos surpresos ao encontrar um tipo inédito de onda cerebral nessa estrutura".

Novos experimentos deverão dizer se a interferência entre as ondas hipocampais pode ajudar a tecer novas memórias e transmiti-las a outros pontos do cérebro, da mesma forma que emissoras de rádio transmitem música. Munidos das poderosas armas da matemática computacional, Tort e Teixeira estão preparados para o inesperado. Música para os ouvidos da neurofisiologia, no Rio Grande de Norte a Sul!

NASCEM OS "NEUROJEDIS"

TENTE ESCALAR NA ESCURIDÃO ABSOLUTA um paredão perpendicular cheio de pequenas saliências. Quase impossível... Mas tudo muda quando se acendem as luzes. Usando os olhos, é possível identificar cavidades nas quais os dedos caibam. Aos poucos, mãos e pés avançam parede acima, superando o obstáculo desafiador. Ser capaz de ver o próprio corpo em ação faz com que uma tarefa extremamente difícil se torne apenas trabalhosa.

Se somos senhores incontestes de várias partes do corpo que podemos ver, o mesmo não acontece com os órgãos internos. Nem percebemos que coração, estômago ou intestino existem dentro de nós, a não ser quando doem. A escuridão é ainda maior quando falamos do cérebro. É possível acionarmos conscientemente o hipocampo ou o cerebelo? Improvável... Entretanto, o treino prolongado permite alcançar graus muito elevados de controle mental sobre o corpo. Monges tibetanos são notórios por sua capacidade de autocontrole fisiológico, que lhes permite alterar a temperatura do próprio corpo, acelerar e desacelerar o coração, entre muitas outras façanhas.

O que poucos sabem é que esse controle é grandemente facilitado quando o cérebro recebe retroalimentação sensorial adequada. Através da visualização atenta de um termômetro digital de alta sensibilidade, qualquer um pode aprender a resfriar ou aquecer a ponta dos dedos. No início, parece que o esforço mental é inútil, mas depois de alguns minutos a temperatura começa a se comportar conforme o desejo da pessoa. A surpreendente aquisição dessa habilidade em menos de uma hora de treino demonstra que ainda estamos engatinhando na compreensão do controle mental. Nas palavras do neurocientista português Ernesto Soares: "Todo o pensamento resulta da atividade do cérebro. Resta estudar o vice-versa".

O estudo da retroalimentação neural, mais conhecida pelo termo em inglês *neurofeedback*, começou há várias décadas com o EEG. O método permite tratar com sucesso a ansiedade, a epilepsia resistente à farmacoterapia e os déficits atencionais. Além disso, existe evidência de que a prática do *neurofeedback* com EEG permite um aumento do desempenho cognitivo.

Não obstante, o EEG fornece informações apenas sobre o córtex cerebral mais próximo dos eletrodos colocados sobre o crânio. O desenvolvimento da técnica de imageamento em tempo real por ressonância magnética funcional abriu novas fronteiras para o *neurofeedback*, permitindo pela primeira vez acessar os níveis de atividade das regiões profundas do cérebro. Usando esse método, pesquisadores das universidades Stanford, Harvard e MIT conseguiram demonstrar, em 2005, que sujeitos submetidos a estímulos dolorosos podem diminuir significativamente a sensação por meio do controle voluntário do córtex cingulado anterior rostral, uma região cerebral envolvida na percepção da dor.

Na popular série *Star Wars*, os Jedis são guerreiros monásticos dotados da Força, uma impressionante coleção de poderes derivados do controle mental. No alvorecer do novo milênio, a força parece estar com os aprendizes de "neurojedi".

PEDAÇO DE MIM

A CADA ANO, milhões de pessoas passam pela experiência da perda traumática de uma extremidade corporal. Frequentemente, as penas psicológicas e sociais da amputação vêm acompanhadas de uma dor mais bruta, fruto da percepção fantasmagórica do pedaço perdido, mão ou pé ausente doendo em pesadelos de sono e vigília. Pulsando, queimando ou coçando, o membro fantasma reclama da incompletude do mutilado. Um corpo que já não se representa como é, e sim como foi.

Decepado de forma acidental, o membro leva consigo terminais nervosos que não se reconstituem no coto. Disso resulta o desequilíbrio de vastos circuitos neurais que cartografam a interface com o ambiente, chegando até o âmago do sistema nervoso. As regiões cerebrais correspondentes ao membro amputado são invadidas e loteadas por representações vizinhas, num processo que pune a falta de atividade neural com a inexorável substituição de sinapses e células. Tal plasticidade remapeia a relação do corpo com o mundo, provocando a sensação fantasma. Um poeta diria que o cérebro transforma em dor a saudade do pedaço que perdeu. Será possível reverter esse processo?

Um estudo de 2004 com pacientes biamputados submetidos a transplantes de ambas as mãos mostrou que o cérebro é capaz de se reorganizar topograficamente mesmo após vários anos de amputação. A equipe franco-brasileira, liderada por Cláudia Vargas, da UFRJ, e Angela Sirigu, do Centro de Neurociência Cognitiva de Lyon, na França, utilizou a estimulação magnética transcraniana para verificar a relação entre ativação do córtex motor do paciente e respostas evocadas em músculos específicos das mãos transplantadas.

Os experimentos demonstraram que os músculos recém-transplantados foram adequadamente reinervados e integrados ao córtex motor do paciente após muitos meses de treinamento intenso. Nesse ínterim, os pacientes se tornaram capazes de utilizar seus novos dedos de forma independente, permitindo a realização de tarefas motoras que exigem precisão, como discar números ao telefone ou manipular chaves de fenda. O progressivo ganho de controle do movimento foi acompanhado do desaparecimento paulatino da sensação fantasma.

Os resultados são extremamente animadores do ponto de vista clínico, pois indicam que o córtex cerebral, anos depois da drástica modificação induzida pela amputação, continua capaz de plasticidade plena. Os membros doados são de fato reconhecidos como próprios, restaurando a representação completa do corpo e eliminando erros de interpretação sensorial que provocam incômodo. A incorporação harmônica de uma parte alheia devolve ao paciente sua função original, fundindo duas pessoas num corpo novo e maravilhoso. Nada se perde e tudo se transforma num milagre da cirurgia e da reabilitação em que o pedaço afastado renasce útil, matando a saudade do corpo exilado de si. Regressam os sinais, recria-se o mapa, segue refeita a vida.

À PROCURA DA BATIDA PERFEITA*

UM DOS MAIORES PROBLEMAS DA NEUROCIÊNCIA é descobrir os códigos utilizados pelo sistema nervoso para converter estímulos do ambiente em percepções, bem como para transformar motivações internas em ações. Mas como esses códigos são escritos? Se os circuitos anatômicos podem ser considerados o hardware cerebral, isto é, a estrutura física, é possível ter acesso ao seu software, à programação em si?

Por muitas décadas, neurocientistas de vários países dedicaram-se a experimentos para tentar responder a essas questões. Partiram da premissa de que deveriam usar estímulos artificiais muito simples para investigar o cérebro, pois esses estímulos representariam os elementos fundamentais, subjacentes aos mais complexos.

Abordagens mais recentes do problema dos códigos neurais consideram que a adaptação ocorre diante de estímulos ecologicamente relevantes, ou seja, agentes externos naturais que teriam motivado a evolução dos organismos e, portanto, seriam o objetivo do processo adaptativo. Uma das estratégias que mais têm sido utilizadas para estudar o cérebro supõe que ele processe a informação captada pelos órgãos sensoriais por meio do princípio da codificação eficiente, conceito proposto pelo britânico Horace Barlow, em 1961, como um modelo geral para a codificação das informações sensoriais pelo sistema neural.

Para Barlow, o modelo eficiente seria o que minimizasse a quantidade de impulsos neurais utilizados para transmitir a informação desejada. O neurocientista inspirou-se na teoria da

* Artigo baseado no texto publicado originalmente na revista *Mente & Cérebro*, cedido gentilmente pela editora Segmento para esta edição.

informação, de Claude Shannon (1916-2001), segundo a qual toda transmissão de mensagens está sujeita a interrupções e a ruídos ao longo do percurso entre fonte e receptor. Segundo ele, os caminhos neurais percorridos por informações sensoriais são similares a canais de telecomunicação. Assim, a codificação neural seria realizada de modo a maximizar a capacidade do canal e assim reduzir a redundância da comunicação, aproximando-se dos limites teóricos para transmissão de informação.

Uma forma de diminuir a redundância em um conjunto de neurônios é supor que determinada célula neural responde apenas ocasionalmente, ou seja, de forma esparsa. De fato, foi demonstrado que células do córtex visual de primatas respondem dessa maneira quando estimuladas com sequências de imagens naturais. Esse comportamento é observado também no córtex auditivo. No caso da visão, a informação percorre um caminho que se inicia na retina e chega até o córtex visual primário, uma área posterior do cérebro. Nesse local, os neurônios mostram-se seletivamente responsivos à estimulação de regiões restritas do campo visual, com áreas bem demarcadas de inibição e excitação: os campos receptivos. É possível fazer uma aproximação matemática da disposição espacial das regiões inibitórias e excitatórias de um campo receptivo com *wavelets* de Gabor — estruturas geométricas oscilatórias, com ondulações nas abas, que costumam ser comparadas com sombreiros mexicanos.

Diversos estudos aplicaram o conceito de redução de redundância a respostas neuronais no córtex visual primário. O resultado foi surpreendente: tomando-se como estímulo amostras aleatórias de partes de imagens naturais, diversos grupos de pesquisadores encontraram um código composto de funções de Gabor. Dados similares foram encontrados nas respostas do córtex auditivo de gatos quando estimulados acusticamente. Os resultados sugerem que a codificação neuronal nos córtices visual e auditivo ocorre por redução de redundância. Como tais regiões são de certa forma recentes em termos evolutivos, cabe indagar se a redução de redundância pode ser observada também em partes mais antigas do sistema neural.

Para responder a essa pergunta, um grupo internacional integrado por cientistas do Japão, do Brasil e dos Estados Unidos foi articulado pelo pesquisador Allan Kardec Barros, professor da Universidade Federal do Maranhão. O grupo se dedicou especificamente a investigar o sistema nervoso autônomo por meio da análise do batimento cardíaco. Para compreender os resultados, publicados na revista *PLoS One* em 2011, é preciso ter em mente de que forma o coração responde a estímulos externos.

O batimento cardíaco se acelera quando nos assustamos. Para diminuirmos essa aceleração, utilizamos uma estratégia simples: respirar profunda e lentamente. A regulação da aceleração e da desaceleração do batimento cardíaco é feita pelo sistema nervoso autônomo. Os autores aplicaram os algoritmos de codificação por redução de redundância a sequências de batimentos cardíacos, cujas leis internas exigem um sistema formado por filtros. Estes funcionam como um circuito ressonante de comunicação, ou seja, cada um deles responde só a uma determinada frequência — como se o coração fosse uma estação receptora com várias antenas, controlada pelo sistema nervoso autônomo, que manipularia a resolução temporal e espectral para tornar as respostas cardíacas mais rápidas ou lentas.

O ritmo cardíaco é regulado por dois sistemas principais: o simpático, que desencadeia respostas rápidas, e o parassimpático, associado a respostas lentas. Há uma notável semelhança entre as respostas relacionadas a esses dois sistemas e o conjunto de filtros ativados pela codificação por redução de redundância.

Mas como verificar se os filtros de codificação obtidos são biologicamente plausíveis? A tarefa de mapear o comportamento de resposta no coração diante de um estímulo qualquer requer um grande esforço, em especial por causa da complexidade dos sistemas cardiovascular e neural. Esse processo pressupõe o conhecimento de mecanismos que variam nas escalas de segundos a minutos, o que envolve vários sensores biológicos cujas respostas e interações não são facilmente compreensíveis.

Para resolver esse problema, os autores propuseram um modelo simples no qual as respostas dos filtros derivados teoricamente são combinadas para produzir uma resposta única. Usando um conjunto de sinais fisiológicos compostos de estímulos e respostas provenientes de registros em coelhos, eles mostraram que a resposta conjunta dos filtros é capaz de predizer a resposta cardíaca com precisão surpreendente.

O estudo abre novas perspectivas — por exemplo, a utilização de modelos avançados para simular outros aspectos da regulação fisiológica, como o controle do ganho cardíaco, da regulação glandular, da musculatura lisa e da respiração. Em conjunto, os resultados sugerem que a teoria de codificação eficiente representa um princípio geral de processamento de informações em sistemas biológicos, com aplicações que vão muito além da original, referente aos sistemas sensoriais. À procura da batida perfeita, a possibilidade do vislumbre de uma lei geral da natureza.

VIVER, LEMBRAR E RELEMBRAR

A DEMARCAÇÃO DA DIFERENÇA entre a ciência e outras formas de saber é um problema aberto. A maior parte dos cientistas acredita possuir um método superior para a aquisição de conhecimentos, composto de experimentação, quantificação e ceticismo. Muitos afirmam seguir o filósofo Karl Popper (1902-94), para quem o bom cientista seria aquele disposto a sempre duvidar das próprias teorias, formulando experimentos capazes de destruí-las de forma implacável ou corroborá-las provisoriamente.

Na prática, porém, as coisas são diferentes. Como todas as pessoas, os cientistas têm apego aos seus pontos de vista. O que impede a estagnação da ciência é o fato de que os cientistas competem entre si para ver quem obtém mais rápido o conhecimento mais confiável. É claro que isso também ocorre ocasionalmente nas grandes religiões, como o catolicismo e o islamismo. Entretanto, cismas religiosos não possuem bases objetivas para definir vencedores, e por isso resultam apenas em fogueiras. Na ciência, ao contrário, o choque constante de evidências empíricas permite o progresso do conhecimento. Os conflitos tendem a arrefecer com o tempo e vão sendo substituídos por querelas novas e mais interessantes. A existência de um público leigo capaz de acompanhar o desenvolvimento científico pela mídia especializada gera uma pressão adicional nessa direção. Tal qual acontece com a trama da novela favorita, todos anseiam pela reviravolta emocionante. Eis aí uma diferença concreta entre cientistas e não cientistas: por estarem imersos nos detalhes, muitos cientistas vibram quando a teoria vigente é validada. Enquanto o público ama as revoluções, os cientistas saboreiam a solidez do conhecimento.

Um estudo publicado em 2008 foi importante exatamente por demonstrar de forma convincente o que todos já acreditavam ser verdade. Pesquisadores israelenses e norte-americanos registraram a atividade neuronal no hipocampo de pacientes submetidos a cirurgia para mapeamento de foco epiléptico. Enquanto os preparativos cirúrgicos eram realizados, os pacientes assistiam a clipes de programas de TV. Isso permitiu verificar que cada neurônio disparava mais em resposta a algum clipe específico. Após alguns minutos de interrupção da exibição audiovisual, foi requisitado aos pacientes que evocassem livremente as memórias recém-adquiridas. Os pesquisadores verificaram então que a evocação consciente de cada clipe era precedida pela ativação, cerca de dois segundos antes, dos neurônios hipocampais específicos excitados durante a apresentação do estímulo correspondente.

O experimento indica que a livre evocação da memória recruta os mesmos neurônios utilizados para sua aquisição. Experimentos em animais já haviam sugerido isso, mas a evidência era indireta porque animais não podem reportar com palavras o que pensam. Decerto o resultado seria diferente se fosse investigado um intervalo de meses entre aquisição e evocação, pois as memórias migram pelo cérebro com o passar do tempo. De todo modo, ao menos no curto prazo...

ANÕES E GIGANTES

A EXPERIÊNCIA HUMANA no planeta segue fascinada por sua singularidade. Compartilhamos com os chipanzés 96 de nossos genes, mas como somos distintos! Até que apareça o disco voador definitivo, somos os únicos possuidores de cidades, computadores, aviões, orquestras sinfônicas e todos os inúmeros bens culturais criados, herdados e propagados por nossa linhagem. Somos tão especiais que por vezes é difícil apreciar nossa fundamental animalidade, enraizada em poderosos instintos de nutrição, sexo e parentesco. Não por acaso, a teoria da evolução de Charles Darwin (1809-82) persiste intragável para grande parte da população, honestamente incapaz de enxergar continuidade entre macaco e homem. Escapa à compreensão geral que poucos milhares de anos já são suficientes para o estabelecimento de enormes diferenças genéticas.

Um ótimo exemplo da velocidade da evolução humana vem da descoberta, em 2003, na ilha de Flores, na Indonésia, de fósseis de hominídeos que ali existiram até cerca de 10 mil anos atrás. Eram pessoas de um metro de altura e trinta quilos de peso corporal, com crânio menor e pés maiores do que seria de esperar para esse tamanho. Tais pessoas — curiosamente semelhantes aos hobbits mitológicos de J.R.R. Tolkien (1892-1973) — tinham corpo e cérebro tão diminutos que se acreditou, a princípio, serem indivíduos de nossa espécie com alguma patologia. Entretanto, análises de ossadas mais completas indicaram que se tratava de outra espécie de hominídeo, um caçador de hábitos carnívoros, capaz de utilizar o fogo e dominar a fabricação de sofisticados utensílios de pedra.

Publicações subsequentes apoiaram a ideia de que as ossadas pertencem efetivamente a uma espécie humana diferente da nossa. O primeiro artigo demonstra que os longos pés dos hobbits de Flores apresentam características híbridas, algumas muito semelhantes às de humanos, outras mais parecidas com as de chipanzés, indicando uma divergência remota na linhagem *Homo*. O segundo artigo comparou fósseis de hipopótamos-pigmeus da ilha de Madagascar com seus ancestrais continentais em Moçambique para concluir que o nanismo insular em mamíferos acarreta volumes cerebrais significativamente menores do que o esperado para tamanhos corporais correspondentes, o que pode explicar a reduzida capacidade intracraniana do *Homo floresiensis*. A manutenção duradoura do isolamento geográfico desses hominídeos, com a estabilidade de uma cadeia alimentar em que ocupavam o topo, parece ter selecionado o nanismo progressivo na população, gerando uma espécie bastante diferente da nossa.

Se o *Homo floresiensis* pôde evoluir tão rapidamente num ambiente de isolamento, que tipo de hominídeo selecionamos no mundo globalizado da internet, em que a quantidade de informações disponíveis passa por uma explosão sem precedentes, gerando a possibilidade de comunicação em paralelo entre milhares de pessoas, por meio de chats, tuítes, celulares e outros meios eletroeletrônicos? Uma nova espécie humana estará em evolução?

JUNTO E MISTURADO

QUANDO LI A NOTÍCIA, abri um sorriso e exclamei: "Claro, só podia ser!". Certamente não fui o único, pois a fascinante descoberta da equipe de Svante Pääbo, um paleogeneticista do Instituto Max Planck, em Leipzig, na Alemanha, se espalhou pelo globo com a velocidade da internet. As novas análises de genomas fósseis indicam que houve mistura entre neandertais e nossos ancestrais humanos. Após décadas de discussão acalorada, a hipótese da pureza da espécie cedeu terreno à teoria do híbrido. Embora o bom senso já apontasse nessa direção, apenas agora temos evidências concretas desse cruzamento genético. Enquanto populações subsaarianas não possuem nenhum traço de DNA neandertal, seres humanos acima do Saara carregam de 1% a 4% desse genoma.

Para entender o debate é preciso considerar que cerca de 350 mil anos atrás houve a separação entre as linhagens que originaram o *Homo neanderthalensis* e o *Homo sapiens*, duas espécies do mesmo gênero — ou mesmo duas raças humanas — que compartilhavam 99,5% de suas sequências de DNA. O ancestral comum das duas linhagens vivia na África, mas sua descendência migrou para a Europa e a Ásia. Primeiro partiram os ancestrais neandertais, rumando para o norte e ocupando regiões temperadas como o vale de Neander, na Alemanha, onde um dos primeiros fósseis da espécie foi encontrado. Cerca de 100 mil anos depois, os ancestrais humanos iniciaram sua própria migração. Análises de DNA mitocondrial indicam que as duas linhagens se desenvolveram em separado até cerca de 50 mil anos atrás, quando teria ocorrido a miscigenação. A região da provável ocorrência dessa mistura é a faixa que se estende do norte da África à península Arábica. Os fósseis neandertais mais recentes, encontrados em Gibraltar, datam de aproximadamente 25 mil anos antes do presente. Eram hominídeos robustos com volume craniano igual ou maior que o nosso. Mesmo assim, por alguma razão ainda desconhecida, nossos primos se extinguiram e nós dominamos todo o planeta, das geleiras às praias tropicais, das planícies às montanhas, das selvas aos desertos.

Entre as possíveis causas da extinção neandertal, a competição com humanos é uma hipótese provável. Eram *sapiens* muito parecidos e ocupavam nichos ecológicos semelhantes. Por outro lado, as diferenças entre as espécies podem ter sido determinantes para o desaparecimento de uma e a persistência da outra. Variações climáticas e substituição de florestas por gramíneas talvez tenham sido desastrosas para as técnicas de caça dos neandertais, predadores de megafauna que podem ter declinado junto com os mamutes. É possível que o canibalismo, observado em grupos humanos, também tenha contribuído para definir esse fim.

Fome e massacres à parte, eis que aparece evidência direta de sexo entre as duas espécies. Isso significa que há possibilidade de que os neandertais, em vez de desaparecerem por isolamento e exclusão, tenham sido absorvidos por uma população humana bem mais numerosa. Talvez apenas estupro e dominação, comuns na política primata... Mas também pode ter havido amor.

HOMO HIBRIDUS

NOSSA HISTÓRIA NINGUÉM CONHECE DIREITO, é mistério em pleno descobrimento. A cada novo achado fóssil, a cada nova ossada arcaica que emerge, a cada nova tumba, involuntária ou não, temos de rever nossa saga.

A narrativa construída ao longo do século XX contava que viemos todos de uma única linhagem emigrada da África há não mais que 120 mil anos. Essa onda migratória de *Homo sapiens* teria aos poucos se espalhado por todo o planeta, substituindo por completo nossos primos *Homo erectus* e neandertais, que ocupavam a Eurásia. O continente ocupado mais recentemente teria sido a América, a partir de uma migração recente pelo estreito de Bering, que liga a Sibéria ao Alasca, após a última glaciação. Uma cultura paleolítica do Novo México, denominada Clovis, teria sido a primeira população humana da América do Norte, há cerca de 13 mil anos. Sucessivas ondas migratórias teriam então chegado ao restante do continente, do norte para o sul. Essa teoria foi apoiada pelos avanços da biologia molecular na década de 1980, com a análise de DNA mitocondrial de populações atuais. Entre o passado e o presente, uma linha reta, uma raiz clara, uma narrativa confortável.

Entretanto, as pesquisas moleculares da última década, realizadas com DNA mitocondrial e autossômico de diversos achados fósseis, indicam que nada disso se passou. Ou melhor, provavelmente tudo isso se passou muitas vezes. As últimas dezenas de milhares de anos são uma barafunda complexa de fios que tentamos desembaraçar, separando em camadas as tranças de cabelo do tempo. Não viemos de uma única linhagem: nosso passado é um rizoma de tipos diferentes de seres humanos.

Há semelhanças genéticas, por exemplo, entre espécimes de

Homo heidelbergensis que viveram no norte da Espanha há 400 mil anos e hominídeos siberianos de apenas 40 mil anos atrás, chamados de denisovanos. A análise de DNA autossômico indica que os denisovanos eram mais aparentados com os neandertais do que com o *Homo sapiens*, mas o DNA mitocondrial indica cruzamento com algum outro tipo de hominídeo ainda não identificado. Hoje está claro que, com exceção das populações subsaarianas, há cerca de 4% de DNA neandertal no genoma humano. Da mesma maneira, de 4% a 6% do DNA de populações da Austrália e da Melanésia provém dos denisovanos.

Para complicar o cenário, acumulam-se evidências de ocupação humana na América antes da cultura Clovis. Notavelmente, o sítio de Pedra Furada, no Piauí, apresenta indícios de presença humana com até 55 mil anos de idade. Descoberto em 1973 pela arqueóloga Niède Guidon, o sítio de Pedra Furada tem a datação e a natureza de seus vestígios disputadas, mas a descoberta de outros sítios pré-Clovis em outras partes do continente tem feito a balança pender para a ideia de que ondas migratórias sucessivas atravessaram a América bem antes do que se pensava. A história ainda será reescrita muitas vezes, até entendermos nossa trajetória complexa e vertiginosa. Uma certeza, contudo, já se apresenta: não existe raça pura, somos híbridos desde o início.

A SOLIDÃO DO NÁUFRAGO

DEPOIS DE ANOS ESCREVENDO todos os meses para revistas e jornais, senti medo da repetição. Haveria tanto assunto para seguir escrevendo? Novidade que bastasse, avanço que ainda encantasse? Pois a mente é finita, e às vezes a conversa acaba por falta de assunto. Mas, felizmente, graças ao deus ciência, essa repetição é de Heráclito (540 a.C.-470 a.C.). Espirala como uma fita de DNA, para cima e avante em progresso empírico, crescendo futuro adentro. Aventura que é a ciência, seus fazedores vivem histórias de coragem e risco. Rumo ao desconhecido, atravessam o limiar entre nós e o além.

Fale com ela é o filme de Pedro Almodóvar que mostra o papel da comunicação na recuperação do paciente comatoso, o tripulante que caiu do barco e perdemos de vista no mar tempestuoso. Muitas vezes, quando sobem as ondas, ele pode ver as luzes do barco... Mas nossas lanternas não o encontram na escuridão. Pode acontecer com qualquer um. Clichê da verdade torturada, da morte anunciada em que ninguém quer pensar. De que forma a aventura viva de algumas pessoas pode lançar uma boia salvadora rumo ao náufrago da consciência?

História de Mariano Sigman, um físico argentino expatriado durante a ditadura que se tornou importante neurocientista nos Estados Unidos e na França, mas decidiu retornar à sua cidade natal, na contramão do bom senso e do conselho profissional de mentores, para investigar as bases neurais da consciência. De como criou uma armada de Brancaleone num porão do departamento de física da Universidade de Buenos Aires, cheio de jovens rebeldes medindo pensamentos.

História do ousado biólogo Tristan Bekinschtein e do experiente neurologista Facundo Manes, ambos portenhos, que se juntaram a médicos da Universidade de Cambridge, na Inglaterra, para serem os pioneiros no imageamento cerebral sob estimulação por conversa ou leitura de pacientes em estado vegetativo ou de consciência mínima. De como observaram a ativação de porções cerebrais relacionadas ao reconhecimento de vozes e emoções e verificaram a força estimuladora da voz da mãe do paciente, capaz de ativar o giro fusiforme que atua no reconhecimento de faces familiares. De como acompanharam o retorno paulatino do comatoso à consciência e atualmente se dedicam a replicar o caso.

História da reunião de todos esses personagens para demonstrar, na edição de outubro de 2009 do periódico *Nature Neuroscience*, que pacientes com distúrbios da consciência são capazes de aprendizado pavloviano clássico. O experimento consistiu na associação de um tom a um sopro de ar nos olhos. Medindo a atividade eletromiográfica dos pacientes, os pesquisadores verificaram o aprendizado de uma resposta muscular após o tom, em antecipação à piscada causada pelo sopro de ar. Esta resposta se correlaciona com o grau de atrofia cortical dos pacientes e é capaz de prever seu potencial de recuperação. Trata-se, portanto, de um índice facilmente mensurável para saber quão longe se encontra o desgarrado à deriva. Agora é possível estimar o comprimento da corda que amarra a boia. É possível acompanhar os progressos heroicos da interação terapeuta-paciente. Diminui a solidão do náufrago, nasce o dia no mar alto, com o sol do deus ciência a brilhar de esperança. Reunidos em bando consciente, macacos nus que trabalham de forma solidária. É de emocionar.

ESPERANDO GÖDEL

UM ASSUNTO RECORRENTE em bate-papos de cientistas é a incrível correspondência entre matemática e realidade. Por alguma razão misteriosa, o jogo puramente teórico de estruturas simbólicas desenvolvido no cérebro dos matemáticos muitas vezes descreve, com perfeição desconcertante, a dinâmica e a organização dos eventos naturais em todas as suas esferas, tais como os observamos. Por essa razão, a maioria dos cientistas defende a posição de que a matemática é a linguagem do Universo, e nosso trabalho como cidadãos do cosmos é decifrá-la e aplicá-la. Esse ponto de vista, na linha de Pitágoras (*c.* 571 a.C.-495 a.C.), Kepler (1571-1630), Galileu (1564-1642) e Newton (1643-1727) assume que todas as relações lógicas existem a priori como leis gerais do funcionamento das coisas. Para resumir: a investigação matemática é a fronteira do conhecimento por excelência, e só através dela pode o cérebro entender o mundo. A matemática, assim, é a própria chave da Criação.

Mas há uma dissidência crescente. Conspiram sociólogos, antropólogos, psicólogos, biólogos, químicos e físicos de todo o planeta. Solenes, advertem: o buraco é mais embaixo. Para eles, há menos respostas que perguntas. Questionam a ideia de que a matemática contenha as regras de funcionamento do mundo. Entendem que ela é exclusivamente o produto de um amontoado de reações químicas, distribuídas por uma malha colossal de neurônios em contato com a realidade. A tarefa desses neurônios é representar o mundo, e a matemática nada mais é do que o sistema de regras do cérebro para fazê-lo, produto do meio ambiente e da evolução. Assim como qualquer ramo da... biologia.

Defendem os insurgentes que a matemática nos diz mais

sobre nosso cérebro do que sobre o mundo lá fora. Para eles, a matemática é apenas a chave da *nossa criação*. O mundo lá fora é muito maior do que podemos imaginar. Teoremas são apenas códigos de captação do real por uma máquina viva. Assumir que estamos prontos para captar a linguagem da Criação em si seria, portanto, uma falta de perspectiva histórica e evolutiva. O problema central da ciência para essa visão de mundo é de ordem prática: pode o cérebro entender o cérebro? Ou, nas palavras do brilhante neurocientista e mestre do bate-papo Gustavo de Oliveira Castro (1931-2001): pode o lápis escrever sobre si mesmo?

Não há respostas prontas para esse enigma, mas a inquietação atual é enorme. Sinais de fumaça foram emitidos em 1931, quando o matemático Kurt Gödel (1906-78) demonstrou que a aritmética não é simultaneamente completa e consistente. Em outras palavras, as noções de teorema e prova nem sempre coincidem. O conceito, ilustrado com maestria pelo artista gráfico Maurits Cornelis Escher (1898-1972), é um paradoxo a nos encarar, um claro sinal de anomalia no seio da hierarquia científica, que tem a matemática em seu topo.

Mas talvez exista uma síntese possível... Afinal, o cérebro é produto da evolução e tem as leis evolutivas escritas em seu tecido. Como lei do cérebro, a matemática é por definição um caso genuíno e particular de lei da natureza. Que existe lá fora de nós, definitivamente.

Será?

DROGAS, DEDO NA FERIDA

DETALHES DO NÃO E DO SIM

A PROIBIÇÃO DE ATOS considerados perigosos configura uma regulação coletiva do bem individual. Uma importante contribuição da ciência para a humanidade é ajudar a discernir as proibições realmente necessárias daquelas motivadas por preconceitos, ignorância ou má fé. Trata-se de tarefa capciosa, porque exige grande atenção às sutilezas dos argumentos, aos detalhes empíricos e ao surgimento de dados novos.

Um caso exemplar é a proibição do uso da maconha, cultivada há milênios por suas fibras vegetais e seu coquetel de lipídios psicoativos, como o tetra-hidrocanabinol (THC). O THC age no sistema nervoso através do receptor CB1, que evoluiu em associação com lipídios canabinoides produzidos pelo próprio cérebro (endógenos) na integração de apetite, sono e memória.

Os principais argumentos para a proibição da maconha são a criação de dependência, os prejuízos comportamentais quando usada precocemente ou em quadros de psicose latente, o dano pulmonar decorrente do fumo, os déficits agudos de memória e a possibilidade de obter os mesmos efeitos terapêuticos através de análogos sintéticos. Respondem os partidários da maconha que seu potencial aditivo é menor que o do álcool ou nicotina. Seu comércio legal, restrito a pessoas sãs e maiores de idade, eliminaria uma das causas importantes da violência urbana e disponibilizaria formas de uso inócuas, através de vaporizadores para a erva e da ingestão do óleo de *Cannabis*. Os déficits de memória de curto prazo seriam tão perigosos quanto uma leve embriaguez alcoólica, mas compensados pelo aumento da capacidade criativa e pelos vários efeitos medicinais do "cigarro índio" que tantas bisavós compraram na farmácia, a um custo muito menor que fármacos com patente internacional.

O debate acirrou-se com a descoberta, em 2002, de que a anandamida, um canabinoide endógeno, inibe a proliferação neuronal no hipocampo de ratos adultos. Acredita-se atualmente que o bloqueio da renovação constante de neurônios hipocampais está associado à depressão, mesmo quando esta é causada por drogas de abuso como cocaína e álcool. À primeira vista, o achado pareceu dar vitória aos proibicionistas, sugerindo que a maconha prejudica o cérebro ao reduzir a neurogênese.

Entretanto, dados mais recentes embaralham as cartas e sugerem novas interpretações. Em 2005, publicou-se que o canabinoide exógeno HU210, um análogo sintético do THC, aumenta a neurogênese hipocampal em quase 50%, levando a um forte efeito antidepressivo em camundongos.

A discrepância de efeitos dos canabinoides endógenos e exógenos pode derivar de diferentes afinidades para o receptor CB1. Para decidir esse debate será necessário conhecer melhor a ação neurogenética dos diferentes canabinoides. Há muito trabalho a fazer, até porque a ciência é propensa a reviravoltas.

Em 2017, a equipe do neurocientista alemão Andreas Zimmer publicou no periódico *Nature Medicine* a demonstração de que o uso repetitivo de THC em camundongos promove intensa produção de novas sinapses, através de uma ampla modificação da expressão gênica. Os efeitos comportamentais desse aumento de sinaptogênese dependem de forma crucial da idade dos animais. Camundongos jovens, que já possuem grande quantidade de sinapses, apresentam prejuízos cognitivos quando tratados com THC. Por outro lado, camundongos adultos e idosos, que normalmente apresentam menos sinapses do que os jovens, apresentam ganhos cognitivos após o tratamento com THC, recuperando os níveis de desempenho de jovens camundongos não tratados com a substância.

Em conjunto, os resultados mostram que é falso um dos argumentos preferidos dos proibicionistas para afastar os jovens da erva: "maconha mata neurônio". Ao contrário, maconha produz novos neurônios e novas sinapses, e essa é justamente a razão pela qual os adolescentes devem evitá-la, pois já possuem neurônios e sinapses em abundância. Pela mesma razão, a maconha é cognitivamente benéfica para adultos e idosos que não pertencem a grupos de risco. Com o avanço da regulamentação do uso medicinal da maconha em todo o mundo, fica cada vez mais claro que maconha é droga de velho.

DEDO NA FERIDA

O EMBATE MONISMO VERSUS DUALISMO suscita as mais elevadas questões filosóficas, mas por um erro conceitual acaba repercutindo em assunto muito mais prosaico, embora de urgente interesse público. O homem sempre se valeu de drogas para tratar corpo e espírito. Por razões históricas e econômicas, várias substâncias foram criminalizadas durante o século XX, criando um mercado subterrâneo de alta lucratividade. A repressão violenta ao narcotráfico alimenta a mais antiga maldição da espécie, a guerra que faz qualquer produto valer os olhos da cara. Nas últimas décadas, esse mecanismo perverso gerou desgraça e degeneração moral sem conseguir frear o consumo das substâncias banidas. Sendo inevitável que a sociedade comece a questionar a conveniência do proibicionismo, persiste o argumento de que drogas perigosas devem continuar ilegais. Mas o que é uma droga perigosa pela perspectiva da biologia?

Comparemos as drogas ilícitas mais comuns, maconha e cocaína. Em doses baixas, a maconha anima a sensibilidade, pacifica dores e incrementa a criatividade. Já em doses altas desinfla a vontade, embota o espírito e dissolve os gestos, causando letargia e desmotivação. Do ponto de vista comportamental, a cocaína faz o contrário da maconha: agita o pensamento, aguça a vontade e, no limite, conduz a paranoia e agressividade. A descontinuação do uso da maconha em usuários crônicos causa alteração de humor passageira, enquanto a abstinência da cocaína em usuários frequentes provoca grande ânsia de consumo da droga, com sintomas fisiológicos desagradáveis e depressão. O contraste dá sentido à distinção entre drogas "leves" e "pesadas", ou entre dependência fisiológica e psicológica.

É nesse ponto que certos porta-vozes da ciência se confundem, invocando um monismo desavisado para afirmar que todo vício "psicológico" é também "fisiológico". Nenhum cientista contesta que a vida psíquica tem base em processos bioquímicos. Mas não se pode negar a enorme diferença entre ter vômitos e diarreia por abstinência de heroína ou apenas sentir falta de um cafezinho a mais. Heroína e cocaína atuam em circuitos neurais relacionados ao prazer e à obtenção de recompensas, respectivamente. São percebidas pelo cérebro como substâncias bastante desejáveis, gerando dependência após poucas exposições. O álcool, a cafeína e os princípios ativos da maconha não têm atuação direta nesses mecanismos, gerando dependências mais brandas. Em altíssimas dosagens, todas essas drogas causam dependência. Mas nas doses de interesse medicinal ou recreativo há gigantesca distância entre os vícios "psicológicos" e "fisiológicos".

O fato é que o uso de maconha fora dos grupos de risco — jovens em geral e adultos com tendências depressivas ou psicóticas — não ocasiona grande perigo para o indivíduo nem para a sociedade. Se é verdade que a legalização da maconha de forma isolada teria pouco impacto no financiamento do tráfico, a medida criaria um mercado formal novo, devolvendo a erva à tabacaria. Sobretudo tiraria os pacíficos usuários de maconha da linha de fogo que separa a polícia dos traficantes de drogas mais "pesadas", protegendo-os de um confronto em que ambos os lados praticam a corrupção, a tortura e o assassinato, como retratado no filme *Tropa de elite* (2007). É hora de discutir a fundo, com honestidade intelectual e dados empíricos. O bom senso adverte: sufocar as drogas com saco plástico mata.

BACAMARTES NA TABACARIA

AFINAL, POR QUE É MESMO que a maconha foi proibida? Há cem anos, cigarros de maconha eram vendidos em farmácias e tabacarias para tratar asma, secreções, insônia e tédio. A indústria têxtil usava a planta, e seu óleo era reputado como ótimo para motores. Desde a proibição, em 1937, cresceram enormemente o consumo e a violência. O comércio mundial de maconha é estimado em bilhões de dólares anuais. Sua repressão mata muitos milhares por ano.

Embora a proibição da maconha tenha sido motivada pela exclusão comercial de seus derivados e pela estigmatização de negros e latinos, tratou-se desde o início de lhe dar roupagem científica. Nas primeiras décadas alardeava-se que a maconha transformava pessoas de bem em assassinos. A partir dos anos 1960, o disparate foi substituído pela afirmação de que maconha causa câncer, bronquite e psicose, mata neurônios e leva a outras drogas. Câncer e bronquite são doenças do fumo, não da maconha. Deglutida ou inalada via vaporizadores, a maconha não causa nada disso. Ao contrário, tem componentes anticancerígenos e neuroprotetores. Maconha tampouco provoca psicose na imensa maioria das pessoas, embora em algumas o uso precoce e excessivo possa precipitar surtos. A maconha só leva a outras drogas porque quem as vende trafica outras substâncias ilegais. Seus efeitos psicológicos são na verdade opostos aos da cocaína ou do crack. Comparar maconha a crack é como comparar vinho a formicida. Açúcar é veneno para o diabético, assim como sal para o hipertenso. Toda substância tem grupos de risco, e com a maconha não é diferente: menores de dezoito anos, gestantes, lactantes e pessoas com tendências psicóticas devem abster-se completamente.

Como tem dito o ex-presidente Fernando Henrique Cardoso, a guerra contra as drogas é uma desgraça ineficaz. Entretanto, nenhum presidente em exercício do poder teve coragem de enfrentar a polêmica. Estamos defasados nessa discussão, atrás de Argentina, México, Estados Unidos e Europa. Por pior que seja o abuso de maconha, são muito mais graves a corrupção, a tortura, a prisão e a execução. Só um mercado legal permite rotulagem, limites de potência, tributação e idade mínima para uso. Esse comércio necessariamente retirará pessoas da ilegalidade, em especial se houver oferta simultânea de empregos, para resgatar do crime grandes contingentes de jovens hoje aliciados pelo tráfico.

A quem interessa a proibição? Aos traficantes de drogas e armas, à banda podre da polícia e do Judiciário, às farmacêuticas que monopolizam patentes e a certos psiquiatras que desejam proibir todas as drogas exceto as que eles mesmos prescrevem. São como Simão Bacamarte, personagem de Machado de Assis que a todos internou, pois o único são era ele.

É hora de retirar os bacamartes da tabacaria. Respeitadas as regulamentações necessárias, a maconha é mais benigna que álcool e tabaco. Sua proibição é maligna e precisa acabar. Já.

MACONHA E ARTE

CONSIDERANDO QUE ATÉ UM GOVERNADOR do estado do Rio de Janeiro colocou o dedo na ferida, propondo a legalização da maconha para diminuir a violência urbana, torna-se crucial compreender em detalhes seus efeitos biológicos e psicológicos. Sabemos que nosso cérebro produz substâncias chamadas endocanabinoides, muito semelhantes às moléculas psicoativas da maconha. O consumo da maconha fornece ao cérebro uma quantidade maior de substâncias que ele já possui e que agem através de receptores de membrana específicos chamados CB1. Se o cérebro possui seus próprios canabinoides, se a maconha é ilegal e causa males respiratórios quando fumada, por que é que tantas pessoas ainda assim optam por consumi-la?

Adeptos da planta relatam que seu consumo induz uma aceleração do pensamento, com diminuição da atenção e da memória de curto prazo. Muitos usuários aprendem a dosar a ingestão da droga de forma a atingir uma exacerbada criatividade, fazendo da maconha uma das drogas preferidas pelos artistas. Não por acaso o cantor e compositor de reggae Peter Tosh, em seu hino pela legalização da maconha ("Legalize It"), inicia a lista de seus usuários na sociedade pelos cantores e instrumentistas. Quais são os mecanismos neurobiológicos responsáveis pela ligação entre maconha e arte?

Registrando a atividade de dezenas de neurônios de ratos por meio de microfios metálicos, neurofisiologistas húngaros e norte-americanos publicaram em 2006 uma descoberta importante para elucidar esta questão. Os pesquisadores investigaram o efeito dos canabinoides sobre a atividade de neurônios do hipocampo, uma estrutura crucial para adquirir memórias. Verificaram que os canabinoides promovem uma redução na potência das ondas elétricas hipocampais, e que essa redução se correlaciona com déficits de memória numa tarefa de alternância espacial cujo aprendizado depende da integridade do hipocampo.

Quando os pesquisadores compararam a atividade de neurônios individuais antes e depois da administração dos canabinoides, verificaram que o tratamento teve apenas um leve impacto nas suas taxas de atividade. Entretanto, uma análise da coordenação temporal da atividade de grupos neuronais deixou claro que a sincronia dos disparos elétricos é bastante diminuída pelos canabinoides, literalmente desordenando o processamento hipocampal.

Em conjunto, os resultados sugerem que uma das funções naturais dos canabinoides é o esquecimento das memórias obsoletas ou indesejadas, através da desorganização do traço de memória. Essa interpretação é reforçada pelo fato de que antagonistas do receptor CB1 dificultam o esquecimento de regras comportamentais quando estas deixam de ser relevantes para a sobrevivência do animal. Se os antagonistas de CB1 cristalizam memórias no hipocampo, "congelando" a configuração da rede neuronal, os canabinoides, por outro lado, parecem promover a restruturação mnemônica, aumentando a fluidez de conceitos e ideias. Em princípio, este efeito explica o aumento da criatividade causado pela maconha. Grande Peter Tosh.

CINEMA DE ÍNDIO

AYAHUASCA, HOASCA, YAGÉ, MARIRI E CAAPI designam um chá ancestral usado por indígenas amazônicos para fins rituais. Hoje, a infusão constitui o pilar de religiões de matriz brasileira, como o Santo Daime, a União do Vegetal e a Barquinha. Um dos mais notáveis efeitos de sua ingestão é a "miração" — há relatos de imaginações visuais tão vívidas quanto a realidade, mesmo de olhos fechados.

Para entender as bases neurais desse fenômeno, o neurocientista Dráulio de Araújo articulou e liderou uma equipe — da qual fiz parte — de físicos, biólogos e médicos da USP de Ribeirão Preto, do Instituto do Cérebro e do Hospital Onofre Lopes da UFRN, e do T. J. Watson Research Center da IBM, nos Estados Unidos. Investigamos registros de ressonância magnética funcional feitos em membros da Igreja do Santo Daime durante uma tarefa imagética de olhos fechados, antes e depois de beberem ayahuasca. Em artigo publicado em 2011 na revista *Human Brain Mapping*, relatamos que o chá produz um grande aumento na ativação de diversas áreas do córtex cerebral. Os resultados sugerem que as mirações são causadas pela potenciação de uma extensa rede cortical que envolve visão, memória e vontade.

Na área visual primária, o nível de ativação durante a imaginação é comparável aos níveis de quem observa de olhos abertos uma imagem bem iluminada. A ingestão da bebida ritual intensifica a ação de áreas corticais relacionadas à memória episódica e a associações contextuais e também potencia regiões envolvidas com a imaginação prospectiva intencional, com a memória de trabalho e com o processamento de informações internas.

Em termos neuroquímicos, a ayahuasca afeta neurônios que utilizam serotonina, mas também, em menor grau, noradrenalina e dopamina. De que forma a modificação desses sistemas neurotransmissores aumenta a ativação cerebral e a vividez da imaginação é uma ótima questão científica em aberto. Seja como for, é compreensível que os xamãs da floresta tenham selecionado a ayahuasca culturalmente ao longo dos séculos para facilitar revelações místicas de natureza visual. Ao elevar a intensidade das imagens mentais ao nível das imagens percebidas de olhos abertos, a infusão confere status de realidade às vivências interiores.

A interpretação do fenômeno depende do ponto de vista. Para os místicos em busca da transcendência, a ayahuasca abre as portas da percepção para espíritos e mundos extracorpóreos. Para os materialistas, ela permite acessar, animar e navegar o vasto oceano do inconsciente, essa coleção absolutamente individual de memórias adquiridas durante a vida e de todas as suas combinações possíveis.

Psiconauta ácido e cético ou sacerdote conectado com o divino, o fato é que o bebedor do chá empreende uma travessia corajosa para dentro de si. Para ver além, fecha os olhos... e vê.

ANDANDO EM CÍRCULOS

No campo das drogas lícitas, o que dizer do metilfenidato, uma das mais ardentes febres farmacológicas de nossos tempos? Sintetizado pela primeira vez em 1944, esse psicoestimulante tem uso aprovado para o tratamento do transtorno do déficit de atenção com hiperatividade (TDAH), da narcolepsia e de outros distúrbios. Ele provoca a inibição da recaptação de dopamina e noradrenalina, aumentando os níveis desses neurotransmissores na fenda sináptica de modo semelhante ao efeito da cocaína e das anfetaminas. Entretanto, por agir de forma mais lenta e duradoura que essas outras drogas, o metilfenidato tem efeitos fisiológicos mais moderados. Hoje milhões de pacientes em todo o planeta, principalmente uma crescente população de jovens e crianças com baixo rendimento escolar, dificuldades de concentração e outros sintomas relacionados ao TDAH, são tratados com essa substância. Em muitos casos o metilfenidato é benéfico e reputado como milagroso, mas em outros casos seu uso é controvertido, pois pode ser usado para mascarar os efeitos do cuidado negligente dos pais. Infelizmente, o transtorno chega a ser chamado de "doença da mãe ruim", por ser mais comum em lares desagregados.

À medida que o diagnóstico de déficit de atenção com hiperatividade se generaliza, chegando a atingir assombrosos 10% da população infantil em algumas comunidades dos Estados Unidos, surgem questionamentos sobre os efeitos colaterais do metilfenidato. Pistas importantes foram apreendidas de um domínio bem distinto da sala de aula: a guerra. Em cinco anos, o uso de metilfenidato por tropas americanas cresceu 1000%. Um estudo de 289 mil veteranos que combateram no Iraque e no Afeganistão mostrou que a incidência do transtorno de estresse pós-traumático (TEPT) cresceu de 0,2% para 22% de 2002 até 2008. O curioso é que os casos mais graves ocorreram em soldados que utilizaram metilfenidato para aumentar o alerta durante as atividades de combate. Isso acontece porque os neurotransmissores modulados pelo medicamento fortalecem a aquisição e a consolidação de memórias, ou seja, eventos violentos da vivência bélica são gravados de forma profunda no cérebro dos usuários da substância. Pela mesma razão, remédios que bloqueiam os efeitos da noradrenalina e da dopamina têm efeito terapêutico para o TEPT, em especial quando administrados poucas horas depois da aquisição de memórias traumáticas.

Se o metilfenidato potencializa a fixação do evento traumático, aprofundando a cicatriz mnemônica, ele também pode funcionar como um poderoso agente reforçador de marcas dolorosas. Transposto para o cotidiano onde imperam a anomia da televisão e o redemoinho das informações oferecidas pela internet, é possível que esse fármaco tenha apenas efeitos benéficos sobre o aprendizado? Ou existe o perigo de um círculo vicioso, no qual lares desagregados geram filhos desajustados que, por sua vez, se tornam alvo de receitas médicas que aprofundam neuroses? Nesse pesadelo iatrogênico, a psicofarmacologia acabará servindo aos psicanalistas do futuro um prato cheio de problemas para tratar? A culpa é da mãe ou da indústria farmacêutica?

REDUZINDO ABUSOS

Somos uns exagerados. Quando descobrimos um novo prazer, tendemos a abusar, em especial no início, quando ainda não temos experiência. Excessos diante do novo são comuns em nossa espécie. Por sorte, há males que vêm para o bem. Muitas vezes é um mal menor que cura o Mal maior. Assim é desde o início dos tempos. A redução de danos é quase tão antiga quanto o dano em si.

Pense na revolução sexual. A comercialização da pílula anticoncepcional deu origem às gerações mais amorosas e livres da história, mas a alegria durou pouco. A disseminação do HIV e outras doenças transmissíveis pelo sexo levou à política sanitária de estímulo ao uso de preservativos. Até os anos 1980, eram raríssimas as pessoas dispostas a aderir ao sexo emborrachado. O preservativo parecia tão inútil quanto o cinto de segurança... Hoje ambos são imprescindíveis. A troca da conjunção carnal pela intimidade plastificada matou em parte a poesia do amor, mas salvou milhões de vidas em todo o mundo, além de reduzir a natalidade em países pobres marcados pela explosão populacional. A despeito dos protestos da Igreja mais conservadora, não foi o chamado à abstinência que refreou o avanço da aids, mas sim o estímulo, por parte de governos, organizações e indivíduos, ao sexo seguro.

No problema da dependência química, a redução de danos é crucial. Há décadas usuários de tabaco adotam chicletes e adesivos de nicotina para parar de fumar. Em casos de dependência extrema, vem despontando o uso de substâncias psicodélicas. Um exemplo eloquente do potencial terapêutico dessas substâncias é o estudo sobre o uso da iboga para tratar dependentes químicos, publicado em 2014 no *Journal of Psychophar-*

macology por pesquisadores da ONG Plantando Consciência e da Unifesp. A iboga é um arbusto africano de onde se extrai o potente alucinógeno ibogaína, de uso xamânico secular. No estudo de Eduardo Schenberg, Maria Angélica Comis, Bruno Rasmussen e Dartiu Xavier, 75 dependentes de cocaína, crack ou álcool foram tratados com ibogaína em ambiente hospitalar. Os resultados mostraram que 100% das mulheres e 51% dos homens tornaram-se abstinentes por vários meses após o tratamento, bem acima dos cerca de 30% alcançados por psicoterapia e outras terapêuticas para drogas.

A redução de danos também tem implicações diretas para a política de segurança. Desde o início de 2015 vem ocorrendo uma ofensiva inédita das polícias civil e federal contra os *growers*, isto é, pessoas que praticam o cultivo caseiro de maconha. Plantas e sementes têm sido apreendidas e ativistas vêm sendo presos e indiciados. Um deles, Flávio Dilan "Cabelo", apresenta um quadro epilético que era medicado com maconha até a sua prisão. Encarcerado e apartado de seu cultivo medicinal, apresentou convulsões que o fragilizaram ainda mais no brutal ambiente da cadeia. É chocante que o aparato de repressão estatal se mobilize contra jovens que se recusam a alimentar o narcotráfico. A quem interessa tal situação? Certamente não à redução dos terríveis danos da guerra às drogas.

REHAB

O LÍDER RELIGIOSO RAS GERALDINHO foi encarcerado entre 2012 e 2019 por cultivar *Cannabis* para uso ritual. O encarceramento prolongado desse sacerdote encontrou abrigo na ambiguidade da lei, que deixa a critério subjetivo do juiz definir se um cultivador é usuário ou traficante.

Não sabemos ao certo em que momento nossos ancestrais começaram a ingerir drogas, mas é seguro afirmar que o uso religioso, terapêutico ou recreativo de substâncias extraídas da natureza constitui um comportamento fundante da experiência humana. Muito recente, por outro lado, é a noção de que certas substâncias precisam ser banidas. Como experimento global, o proibicionismo debutou em 1924, na II Conferência Internacional do Ópio, realizada em Genebra pela Liga das Nações. Útil e servil, o representante brasileiro afirmou que a maconha matava mais que o ópio. Prosperou desde então a noção hipócrita de um mundo livre de drogas, exceto álcool, tabaco e tudo o mais que se compra nas farmácias e nos supermercados.

A retórica paternalista dos proibicionistas sustentou que a severidade da punição faria cessar o uso de drogas. Entretanto, os quase oitenta anos de proibicionismo produziram o contrário: expansão da quantidade de usuários, das drogas consumidas e do número de jovens pobres encarcerados, além de uma escalada tenebrosa da brutalidade associada ao tráfico e sua repressão. Como explicar um desastre tão retumbante?

Para entender o que ocorreu, é preciso lembrar que o proibicionismo gera medo em nível psicológico e mercado criminoso em nível econômico. É preciso também considerar que o efeito de uma droga é produto da interação de três fatores: a substância em si, o corpo em que ela age e o ambiente em que é utilizada.

Quando uma droga é proibida, efeitos deletérios são desencadeados em seus três eixos. A ilegalidade promove adulteração e degradação química, impossibilitando conhecer a dose efetiva. Também dificulta-se a proteção ao corpo dos usuários, pelo cerceamento da livre conversação capaz de esclarecer quais são os grupos de risco e os modos de uso seguro de cada droga. Por fim são geradas mazelas no âmbito social: corrupção do sistema legal, fomento da violência e, logicamente, estímulo à paranoia. Dos males, o maior.

A triste verdade é que a droga mais pesada de todas, capaz de intoxicar o debate e impedir a implementação de alternativas eficazes, é justamente o proibicionismo. Como tem proposto a Comissão Global de Políticas sobre Drogas e a Sociedade Brasileira para o Progresso da Ciência, é preciso não proibir, mas sim regulamentar, buscando a redução de danos e o tratamento isonômico para drogas com potencial danoso semelhante. Taxação e controle de qualidade de todas as substâncias, em articulação com políticas de emprego, esporte e cultura, podem asfixiar o mercado ilegal e iluminar os subterrâneos de uma ordem social que encarcera e pune apenas os mais fracos.

O proibicionismo morreu, agora há que superá-lo. O Brasil tem a responsabilidade histórica de abolir o equívoco que ajudou a criar. Qual a melhor forma de legalizar e regulamentar as drogas?

NOVO, MAS NEM TÃO ADMIRÁVEL

UMA MORTE PREPARADA para ser um acontecimento global, um episódio deliberadamente público: parece ter sido assim com Aldous Huxley (1894-1963). O escritor inglês agonizava em estágio terminal de câncer quando tomou nas mãos uma caneta e um pedaço de papel. Aquilo que à primeira vista se mostrou uma confusão de rabiscos era um pedido. Uma nota simples, quatro palavras: "LSD intramuscular 100 microgramas".

A mulher de Huxley, Laura, olhou para ele e voltou a fitar o papel. Decidiu não aceitar a ajuda de um médico; buscou seringa, agulha e ampola. Aplicou a injeção. Algum tempo depois, repetiu o processo. Ao lado da cama, ela viu as horas passarem. Durante todo o tempo, o autor de *Admirável mundo novo* (1932) e *As portas da percepção* (1954) esteve sereno, até que, nas palavras dela, "assumiu um semblante muito belo e morreu".

Assim, o decesso de Huxley, com o auxílio da dietilamida do ácido lisérgico, parece ter sido planejado para afirmar a promessa psicodélica de um futuro melhor, tanto na vida quanto na morte. Um futuro hipertecnológico de criatividade máxima em favor da humanidade, utopia neomarxista de tempo livre para fruir a existência na arte, no esporte e na ciência.

Isso tudo a partir de uma substância serotonérgica não aditiva, apenas sintetizada por humanos, capaz de alterar a consciência de forma contundente mesmo em doses diminutas, mil vezes menores do que as encontradas em compostos alucinógenos produzidos por fungos e vegetais. Todos eles de ação tão poderosa sobre a mente que recebem o nome de enteógenos, aqueles que "manifestam o divino internamente".

Os planos de Huxley, no entanto, se frustraram. No mesmo dia, em Dallas, John F. Kennedy seria assassinado, e o ato final lisérgico do escritor inglês daria lugar nas manchetes a comoção nacional e teorias conspiratórias, com a imagem do tiro mil vezes repetida.

Em 1963, ano da morte de Huxley, o uso do LSD, sintetizado, em 1938, pelo cientista suíço Albert Hofmann (1906-2008), estava começando a se disseminar. Ainda estava por vir o psicodelismo que culminaria no Verão do Amor, em 1967. Mas, a despeito das mudanças nos costumes, imperava a mesma política do último bilhão de anos: a lei da selva — bombas e mais bombas sobre o Mekong.

A revolução psicodélica vislumbrada por Hofmann e Huxley ainda está por se cumprir. Somos prisioneiros de instintos que vêm de um passado remoto, comportamentos selecionados ao longo de inúmeras gerações sem os quais nossos ancestrais não teriam sobrevivido e prevalecido: violência para fora do grupo e solidariedade para dentro. Sentir que a vida é luta constante, que somos "nós contra eles", é a base mais antiga de nosso sucesso como espécie. Evoluímos na escassez de tudo, capazes de devorar e extinguir a megafauna do Pleistoceno — nem mesmo os mamutes tiveram chance contra os caçadores famélicos que certamente disputaram a pedradas o alimento que escasseava.

A guerra, portanto, foi inevitável desde o início dos tempos. Quem não foi brutal, excludente e coercitivo com "os de fora" pereceu. Entretanto, evoluiu ao mesmo tempo um depurado amor ao próximo, com o refinamento da "teoria da mente", isto é, a capacidade de presumir e simular a mente alheia, cerne da empatia que mantém os grupos cooperativos e coesos. Sem tal capacidade empática a espécie tampouco teria sobrevivido.

Em paralelo a esses instintos, evoluía nossa capacidade de sonhar. Se todos os mamíferos sonham, foi entre nós, humanos, que a capacidade biológica de remodelar memórias se transformou numa arte mística de acúmulo cultural. De enorme importância na Antiguidade, o vislumbre do amanhã com base no ontem, nas nossas experiências da vigília, tão especialmente propiciada pelos sonhos, deixou nos textos mais arcanos as marcas abundantes da crença em realidades paralelas.

Foi só o começo. Quanto tempo terá se passado até que nossos ancestrais desenvolvessem a capacidade de, mesmo despertos, imaginar o futuro com base no passado, em escala que vai de minutos a décadas? Bem próxima da capacidade de "sonhar dormindo", a capacidade de "sonhar acordado" pode ter surgido como invasão onírica da vigília.

Foi nesse período, regido por uma mentalidade ainda bem diferente da nossa, que deve ter começado a se disseminar culturalmente a ingestão de substâncias químicas para sonhar acordado e "ter clarões". O consumo acidental de extratos vegetais ou animais deu lugar ao experimentalismo dos xamãs, início da medicina. O uso de psicodélicos para vislumbrar mistérios é prática mais antiga do que os ritos secretos de Elêusis.

E isso não é tudo. Na hipótese do psicólogo americano Julian Jaynes (1920-97) sobre a emergência da consciência humana, até 3 mil anos atrás nossos ancestrais eram semelhantes a esquizofrênicos, "autômatos" movidos por necessidades básicas, sem muitas memórias do passado ou planos elaborados para o futuro, mas capazes de ouvir vozes "externas" de comando, elogio ou censura.

Há evidências arqueológicas e históricas de que nossos antepassados nessa época eram regidos por certas "vozes dos deuses". Divindades que não eram espíritos desencarnados ou entidades do mundo extrafísico, mas sim lembranças concretas: memórias auditivas das vozes dos reis mortos interpretadas como prova irrefutável de vida após a morte, alucinações vívidas capazes de comandar os atos dos indivíduos segundo os preceitos da experiência ao longo dos séculos. Orientados por tais vozes, os faraós — verdadeiros e psicóticos deuses vivos — ordenavam plantar, colher, guerrear, escravizar e sobretudo, notavelmente, erigir colossais montanhas artificiais para nelas habitar após a morte. Segundo Jaynes, nossa consciência deriva da fusão das vozes dos deuses (passado e futuro) com a voz do autômato (presente), gerando um ego reflexivo que dialoga de forma permanente consigo próprio.

Não estamos tão distantes dos hominídeos primitivos concebidos por Stanley Kubrick e Arthur C. Clarke em *2001: uma odisseia no espaço* (1968). Percorremos em poucos milhões de anos o caminho que vai do *Homo* ao *sapiens sapiens*, em bandos cada vez maiores, de dezenas a centenas e logo milhões de pessoas unidas por línguas e bandeiras, em guerras cada vez maiores e piores, mas também, é importante dizer, cada vez mais críticas em relação a um mundo em que o instinto de acumulação — de alimento, no princípio — virou cobiça, avareza e usura.

E agora esta novidade: todos. Depois da internet: todos nós. O capitalismo vertiginoso criando as ferramentas para que paz e guerra se generalizem, o poder máximo de um e de todos, potencial para que não reste ninguém "de fora". Todos "dentro" no mesmo planeta, gente, gente e mais gente.

A aceleração da história e o paroxismo de tantos absurdos parecem uma alucinação. Pense nos engarrafamentos abomináveis que tomaram de assalto as cidades do Brasil. Serão reais esses cortejos estáticos e metálicos de cinquenta quilômetros em lugar que há tão pouco tempo foi uma aprazível vila à beira-rio? Quando será o primeiro engarrafamento que vai durar uma semana inteira? Isso é viver? Pingue o colírio alucinógeno quem souber a resposta.

Desequilíbrio é a norma. O modelo econômico é crescer a qualquer custo. Crescer para onde? Para quê? Até quando? Tudo que tocamos vira lixo, embalagens e mais embalagens de coisas cada vez mais efêmeras. Como aceitar as hidrelétricas da Amazônia, pirâmides faraônicas em solo pobre, a maldição do assoreamento dos leitos de rio, conspurcação de flora, fauna e gente? O *bulldozer* avança para dar às empreiteiras, mineradoras e madeireiras o que elas mais querem. Os guerreiros munduruku, que por séculos se adaptaram como puderam ao homem branco, enfrentaram a construção de Belo Monte com o destemor das causas impossíveis, sabendo que as menos midiáticas hidrelétricas do Tapajós são as próximas da lista.

Quão perto estamos da traição histórica dos índios do Xingu, cinquenta anos depois do pacto negociado pelos irmãos

Villas Bôas? "Se deixarem suas terras, migrarem para bem longe e se reunirem diversas etnias num parque apenas, bem longe da civilização, aí estarão em paz." Engano? Vamos cimentar a floresta para gerar energia e enviar commodities para a China vender ao mundo mais badulaques e carros descartáveis? O genocídio dos guarani-kaiowá, a morte do rio Xingu. Para que mesmo?

Vivemos uma crise de confiança no progresso. A própria ciência perde lastro ao se pós-modernizar, cada vez mais contaminada pelos conflitos de interesse do mercado. Fármacos vendidos como panaceias pelas maiores empresas do ramo têm sua eficácia questionada, ao mesmo tempo que se verifica que seus efeitos colaterais foram subestimados por vieses comerciais nos estudos que originalmente firmaram seu valor clínico.

O ideário do lucro corrompe a medicina, sem poupar a pesquisa básica que sempre se julgou em torre de marfim. As revistas científicas de máximo prestígio, fiéis da balança na distribuição de recursos, abrigam cada vez mais exageros, sensacionalismos, fraudes e shows midiáticos. Quem se lembra do dr. Hwang Woo-suk, o barão de Münchhausen coreano que fingiu, em plena capa da revista *Science*, clonar células-tronco embrionárias humanas?

Terá saído pela culatra a popularização da ciência em jornais e revistas, consumidas por leigos como produto embrulhado em marketing na mesma prateleira da fofoca e da novela? O pão e circo das novas arenas esportivas prenuncia a futebolização da pesquisa e a descorporificação da própria vida, pretensão de "libertar o cérebro do corpo".

Para entender a doença dessa civilização hipertecnológica é preciso imaginar seu devir. Talvez ninguém tenha antevisto tão claramente os dilemas existenciais e éticos do futuro quanto os escritores Philip K. Dick e William Gibson em seu cyberpunk, gênero da ficção científica que mescla elementos de história policial, filme noir e prosa pós-moderna. Em seus livros, conceberam não apenas os problemas da interação com máquinas que imitam pessoas — que remetem aos capciosos robôs asimovianos ou ao ardiloso computador HAL 9000 criado por Clarke e Kubrick —, mas também questões que envolvem o que podemos chamar de pessoas-máquina, híbridas em percepção, ação e sobretudo afeto. Seres meio carne, meio plástico, misturas de fios e nervos que documentam seu entorno com olhos que tudo filmam e repassam para redes de usuários em tempo real.

Não falta muito para isso, com câmeras de vigilância em cada esquina, celulares onipresentes e óculos da Google. O fim dos segredos seria a premissa para o fim da violência, como imaginou Wim Wenders em seu *O fim da violência* (1997)? Ou nos tornaremos apenas e cada vez mais decrépitos voyeurs da dor e do prazer alheios, peões em sociedades de vigilância e controle, reféns da "transparência" e do monitoramento constante do governo, dos indivíduos e das corporações?

Em *Neuromancer* (1984), de Gibson, uma máquina consciente controla uma poderosa corporação a serviço de velhos plutocratas, mantidos em animação suspensa e despertados de tempos em tempos apenas para dar diretrizes e logo serem novamente submetidos à criopreservação, a fim de envelhecer o mínimo possível. No mundo real, o controle de moléculas como as telomerases, que regulam o envelhecimento celular, aponta para um futuro em que mesmo pessoas muito idosas poderão habitar corpos novos. Pessoas transgênicas cuja idade não se revelará nos traços externos — uma extensão da lógica de seleção artificial que serve de base à agricultura e à pecuária atuais.

Nesse percurso que coisifica os seres, respiramos uma atmosfera de crescente massificação ideológica, necessária à sustentação de tamanha desigualdade de oportunidades. Catadupas de dinheiro gastas em campanhas eleitorais, pesquisas qualitativas orientando o governo, a versão mais importante do que o fato. Do outro lado, rizomas, gretas no muro, resistência ninja e *leaks* de toda ordem.

O cyberpunk é nossa Cassandra, e teremos que lidar com suas visões apocalípticas. Os black blocs anticapitalistas hoje encaram a concretude da violência e o perigo que isso encerra, pois o Estado tem a violência em seu DNA. A videogamização do mundo já permite matar de longe como se fosse brincadeira. Em breve, a polícia não vai mais enfrentar o conflito social, mandará drones. E os adolescentes do outro lado da trincheira terão ainda mais razões para se revoltar.

Precisamos encarar os fatos: não haverá paz enquanto não houver piso e teto para a riqueza. Por que alguém quer ser bilionário?

A ganância é uma doença, persistência perversa do instinto da acumulação quando ele já se tornou obsoleto e deletério. A atitude antes prudente mas agora patológica do "quanto mais melhor", levando à pulsão de acumulação infinita, pode destruir a espécie ou criar espécies diferentes de humanos: os ricos e os pobres.

Desde a revolução verde de sementes e fertilizantes, há cerca de meio século, já existem condições técnicas para que se distribua comida para todos. Deveria ser o fim da guerra, início da era em que os instintos da acumulação e da violência já não são adaptativos. Mesmo assim, os mais ricos continuam a querer acumular. E ficam ofendidos de verdade quando isso é questionado. Somos vítimas de um conflito de instintos: a acumulação abusiva contra o redentor amor ao próximo.

É justamente nessa disjuntiva que o tema dos psicodélicos recobra sua atualidade. De um lado, como antecipado por Philip K. Dick, o problema do proibicionismo: o cidadão comum vive na mais espessa ignorância no que diz respeito a efeitos, doses e grupos de risco das drogas consideradas ilícitas, sem falar no pesadelo permanente da criminalização e do castigo, decerto a causa maior da paranoia por parte dos usuários. O mercado negro retratado por Dick em *Minority Report* (1956) antecipa o medo e a insalubridade como consequências lógicas do proibicionismo.

E isso não é tudo, pois a multifacetação psicodélica da consciência se mescla à identidade incerta da internet. O *scrambler suit* descrito no livro *O homem duplo* (1977), traje capaz de mudar por completo a aparência de uma pessoa, metaforiza um momento em que a própria identidade é conjectura, em que viver é cada vez mais complexo e, sobretudo, impreciso. Em *O vingador do futuro* (1990), as memórias são simplesmente implantadas. Em *Blade Runner* (1982), não há como saber se as lembranças correspondem aos fatos.

A neurociência constata que a percepção é relativa. A realidade é construída, presumida e fugidia. O futuro distópico de guerra, lixo e desigualdade antevisto por Dick, em que as drogas servem apenas ao entorpecimento da razão, é o abismo com que nos deparamos, encurralados por nossos piores instintos. Mas existe outro caminho, uma rota para a qual a meditação, a respiração e os psicodélicos parecem ser chaves mestras. De origem milenar, essas chaves encontram na neurociência já a partir dos anos 1960 um espaço fértil para novas descobertas, através da combinação de autoexperimentação com imagens concomitantes da atividade cerebral.

Introspecção é a senha. Se a física quântica pode chegar a revelar algo essencial sobre a consciência, a viagem às profundezas da mente pode revelar algo fundamental sobre o universo, o tempo, a matéria e a sociedade.

A psiconáutica — navegação da mente — está mais viva do que nunca, agregando valor às ideias mais transformadoras. Steve Jobs atribuiu sua criatividade ao LSD. O prêmio Nobel Kary Mullis, inventor da reação em cadeia da polimerase, que revolucionou a genética e a medicina, também conferiu à experiência com o LSD a sua melhor inspiração. Os benefícios terapêuticos dos psicodélicos são cada vez mais evidentes no tratamento do trauma, dos estados terminais e do abuso de substâncias aditivas, mas também são notáveis quando aplicados a problemas como a depressão.

Nos Estados Unidos, epicentro do proibicionismo, os militares do Pentágono se interessam pela metilenodioximetanfetamina (MDMA) — princípio ativo do ecstasy, serotonérgico como o LSD — para tratar as dores psíquicas de seus veteranos de guerra. Aquilo que tantos psicoterapeutas praticavam na década de 1960 de modo heurístico vem se confirmando em sólidas publicações científicas. Hofmann e Huxley tinham razão: os psicodélicos são um inestimável patrimônio da humanidade.

As promessas desse novo olhar são a evolução de uma nova ética social em tempos de abundância, a desrepressão da libido e o respeito a todas as formas de loucura, menos àquelas que oprimem. Poderiam os psicodélicos fazer os ricos se desapegarem do excesso de riqueza? Provavelmente.

Vale a pena sonhar com isso: todos nós, humanos, em harmonia conectada de pulsões criativas, alforriados do trabalho mecânico pelas máquinas, não libertos do corpo, mas libertos no corpo, não mais predadores universais da criação, mas hiperlúcid@s guarda-parques de Gaia, a representação mitológica da Terra. Futuro que a Deus pertence, para a sétima geração depois de nós. Quem não entender que pingue mais uma gota.

IGNORÂNCIA TEM PERNA CURTA

A CONTRAPELO DA PROPAGANDA MISTIFICADORA que ainda sustenta o proibicionismo, a ciência tem progredido de modo esclarecedor para a compreensão dos mecanismos de ação das substâncias psicoativas e de seu uso terapêutico. Em 2012, uma colaboração internacional envolvendo vários laboratórios do Brasil, da França e da Alemanha revelou o modo de ação de um lipídeo anti-inflamatório chamado lipoxina. Os experimentos iniciados durante o doutorado de Fabrício Pamplona, com a orientação de Reinaldo Takahashi, na Universidade Federal de Santa Catarina, mostraram que a lipoxina age no cérebro através do receptor canabinoide de tipo 1 (CB1), atuando como um regulador cuja presença ou ausência favorece seletivamente os efeitos da anandamida ou do araquidonoilglicerol, os dois principais agentes endocanabinoides do sistema nervoso central.

Ao modificar estruturalmente o receptor CB1, a lipoxina aumenta sua afinidade pela anandamida. O estudo, publicado na revista *Proceedings of the National Academy of Sciences*, joga luz sobre a anandamida, que, por ter baixa afinidade química pelo receptor CB1, andava desacreditada como endocanabinoide relevante. Grande parte do efeito a ela atribuído pode na verdade ser causada pela lipoxina. Além disso, é possível que o efeito positivo dos canabinoides no tratamento de Alzheimer também seja mediado por lipoxina, o que pode fazer dela um novo alvo farmacológico para aplicações clínicas.

Outro avanço recente relacionado ao uso medicinal de substâncias psicoativas foi a demonstração inequívoca de que um tratamento que combina psicoterapia com administração de MDMA pode atenuar traumas. Sintetizado pela primeira vez em

1912, o MDMA teve uso psicoterapêutico reconhecido na década de 1960, mas com a deflagração da guerra às drogas foi banido da prática clínica. Felizmente a recusa ao conhecimento tem pernas curtas. Experimentos com pessoas afetadas por grave transtorno do estresse pós-traumático (TEPT), com uma média de dezenove anos de sofrimento refratário a outros tratamentos, mostraram que a combinação de MDMA e psicoterapia pode eliminar o TEPT. Como demonstrado no *Journal of Psychopharmacology* por Michael e Ann Mithoefer, 83% dos pacientes tratados com MDMA durante a psicoterapia apresentaram uma diminuição robusta dos sintomas patológicos, enquanto apenas 25% dos pacientes tratados com placebo mostraram melhoras. O mais impressionante é que os benefícios da terapia com MDMA foram mantidos quatro anos mais tarde.

Esses resultados foram discutidos em reportagem de capa no jornal *The New York Times*, e a revista *Nature* os celebrou como "espetaculares". Diversas publicações militares também reagiram de forma favorável, pois milhões de ex-combatentes americanos sofrem de TEPT. Será difícil para o Pentágono recusar-se a aceitar uma terapia que comprovadamente ajuda veteranos de guerra traumatizados. Pesquisa semelhante tem sido desenvolvida no Brasil pelo neurocientista Eduardo Schenberg. Os próximos anos prometem ser muito transformadores no que diz respeito ao reconhecimento do papel medicinal das substâncias psicoativas.

NEGÓCIO DA CHINA

O *I CHING* ESTÁ ENTRE OS MAIS ANTIGOS e mais disseminados oráculos divinatórios. Com pelo menos 4 mil anos, o livro se estrutura em torno de uma ideia simples: os acontecimentos do mundo são categorizáveis. Existem padrões naturais, psicológicos e sociais que, em linhas gerais, se repetem e sobretudo se transmutam uns nos outros de acordo com caminhos também finitos. O *I ching* mapeia essas situações em 64 hexagramas, cada um deles composto por seis linhas que podem ser fracas (yin) ou fortes (yang). Diversos métodos de sorteio permitem escolher, para cada situação vivida, um hexagrama que indica não o que ocorrerá no futuro, mas como se deve proceder no presente.

O uso aparentemente aleatório do *I ching* produz resultados desconcertantes até para os mais céticos, permitindo interpretar situações complexas de um ponto de vista quase sempre esclarecedor. Se o oráculo detecta regularidades invisíveis para além da física conhecida ou apenas captura aspectos essenciais da mente humana é um mistério no limiar da ciência. O que não se contesta é que esse livro reflete o longo acúmulo cultural da civilização chinesa. Mas hoje, em vez de lançar moedas ou fazer a separação ritual dos caules de milefólio, pode-se consultar o *I ching* pela internet.

Estima-se em dezenas de milhões o número de pessoas viciadas em internet no mundo. A China é justamente o país onde o problema adquire contornos mais dramáticos, com mais de 15% da população entre dezoito e 23 anos considerada dependente. Centenas de clínicas realizam internações compulsórias com tratamentos controvertidos, que até 2009 incluíam eletrochoques.

As possibilidades da internet são tão vastas que é compreensível que as pessoas, sobretudo os jovens, passem a viver através dela. É cada vez mais comum estar todo o tempo conectado, chegando a prejudicar o sono. Enquanto o cérebro viaja pelas galáxias, movem-se apenas dedos e olhos. Não é surpresa que o excesso de navegação pela internet seja acompanhado de aumento da obesidade.

O que isso prenuncia? Difícil dizer. As maravilhas proporcionadas pela rede mundial de computadores criam, dialeticamente, condições para desequilíbrios cada vez maiores. Bons primatas que somos, nos lambuzamos a cada novo pote de mel descoberto. Inventar a indústria em larga escala trouxe a poluição do ar, da água e da terra. Compreender o átomo logo serviu para massacrar o Japão até a rendição.

No livro *1Q84* (Alfaguara, 2012), de Haruki Murakami, um homem e uma mulher japoneses enfrentam, cada um a seu modo, o imenso poder da coletividade. Sociedades populosas como Japão e China evidenciam esse conflito sufocante para o indivíduo. Por sorte, um dos maiores poderes da internet é permitir que qualquer pessoa possa alterar o curso da história. Pense em Edward Snowden. Em 2014, pela primeira vez um chinês processou o Estado por causa da poluição.

Recorro ao *I ching* para indagar como devemos proceder quanto ao vício em internet. O hexagrama é claro: “recuo”. Aprender a conviver de forma saudável com algo tão interessante será um trabalho árduo — que em chinês se traduz por kung fu.

EDUCAÇÃO PARA QUÊ?

SABER PARA QUÊ?

VEM DA ANTIGUIDADE A METÁFORA de que o conhecimento se acumula como o volume de uma esfera em expansão. Por meio da observação e da experimentação ampliamos nosso saber sobre o universo. A superfície da esfera representa os pontos de contato com o desconhecido. À medida que ela se expande, surgem as novas perguntas que vamos formulando. Por essa razão, o incógnito — aquilo que sabemos que ignoramos — cresce junto com o conhecimento. Lá fora, além da superfície da esfera, jaz o insabido verdadeiro: todas as coisas que nem sabemos que não sabemos. Mas saber para quê?

Parafraseando o dito popular, pouca ciência com sabedoria é muito, muita ciência sem sabedoria é nada. Com a aceleração da atividade de pesquisa nas últimas décadas, nos acostumamos às novidades trazidas com frenesi pela mídia. Progredimos em um dia o que na Idade Média não se avançava em um século. Muitas vezes são descobertas que vêm resolver problemas. Surge uma gripe nova? Vacina nela. Terremotos derrubam prédios? Paredes inteligentes dançam sem rachar. Órgãos vitais entram em falência com a idade? Células pluripotentes reprogramadas prometem o reparo e a reposição para breve. Diga-se, a propósito, que entre 2003 e 2010 o Brasil caminhou a passos largos para se tornar um produtor de conhecimento internacionalmente reconhecido. Foi entusiasmante, por exemplo, testemunhar, em 2009, a criação do Laboratório Nacional de Células-Tronco Embrionárias (LaNCE), coordenado pelo professor Stevens Rehen do Instituto de Ciências Biomédicas da UFRJ e do Instituto D'Or.

Mas as notícias nem sempre são alvissareiras. De tempos em tempos um astrônomo perscrutador nos avisa de um meteoroide em rota de colisão com a Terra. Infectologistas preveem pragas letais. Ambientalistas anunciam cataclismos variados. Nada disso é novo. Os mitos de criação costumam incluir a catástrofe em seus enredos, de Gilgamesh a Noé, da Bíblia ao Popol Vuh. E foi justamente do mito maia que saiu a profecia de fim dos tempos agendada para 2012, uma fantasia que rendeu até enredo de filme de Hollywood com derrubada retumbante do nosso Cristo Redentor.

Muita calma nessa hora. É preciso separar o joio do trigo. Insidioso, o grande perigo parece ser mesmo o clima. A mistificação da era Bush acabou, mas a hesitação dos líderes mundiais não — e depois vieram Trump e Bolsonaro com suas políticas destrutivas sem qualquer hesitação. Via de regra, nenhum dos grandes países poluidores aceita se comprometer com metas de redução de emissão de carbono. Não podemos perder a oportunidade histórica de interromper a destruição planetária. Não é preciso séries temporais perfeitas mostrando aquecimento global para entender que nosso modelo de ocupação do planeta caminha para a superpopulação e o esgotamento de recursos. Temos a promessa do paraíso no uso sensato da ciência. Entretanto, sem uma administração competente, o purgatório da vida natural despenca célere para o inferno. Torço para que o século XXI seja conhecido no futuro como um momento de extrema lucidez, marca indelével de nosso amadurecimento como espécie.

E se der tudo errado e nossa sabedoria falhar? Qual ciência virá nos socorrer? Leio nos jornais que acharam água na Lua...

CONCURSO DE INTELIGÊNCIA

MAS, AFINAL, o que é a inteligência? Muita gente pensa que é aquilo que se mede num teste de quociente de inteligência (QI). A capacidade de encaixar blocos de madeira ou realizar operações lógicas indica adaptabilidade a problemas desse tipo. Muitos outros tipos de inteligência existem, e para eles o teste de QI não serve. Ser inteligente é encaixar bem na realidade, dissipando pouca energia e promovendo acomodações quando necessário. Comportamentos essenciais são inatos e estão presentes em todos os animais, como a alimentação, a fuga de predadores e a procriação. Outros comportamentos são aprendidos ao longo da vida, configurando ajustes ao ambiente. No caso do ser humano, a inteligência se baseia num vasto repertório de comportamentos adquiridos, o que nos dá grande flexibilidade de interação com o mundo. Embora tenhamos robustos aparatos neurais para percepção e ação, grande parte de nosso enorme cérebro é dedicada à estocagem de memórias, tanto de perceptos quanto de atos motores. O arranjo cerebral particular que permite a façanha da civilização humana parece ter evoluído nos últimos 2 milhões de anos, mas data de apenas 10 mil anos a explosão cultural que nos permitiu tomar o planeta de assalto.

Muito antes do advento de nossos ancestrais hominídeos, animais bem diferentes eram os mais inteligentes da praça. Antes mesmo da supremacia dos dinossauros, iniciou-se a duradoura linhagem dos elasmobrânquios, peixes cartilaginosos como os tubarões e as arraias. As evidências fósseis indicam que mudaram muito pouco nos últimos 30 milhões de anos. Singrando o oceano no topo da cadeia alimentar, os tubarões realizam com maestria, desde tempos imemoriais, os três comportamentos inatos essenciais: comer, fugir e procriar.

Antropomorfizado por Hollywood, o formidável tubarão-branco (*Carcharodon carcharias*) se transformou num ardiloso vilão. Exageros à parte, muitos tubarões têm cérebro proporcionalmente grande para seu peso corporal, superando algumas aves e mamíferos. É um aparato neural de grande sofisticação, em boa parte dedicado às percepções química e elétrica dos arredores. Há também a robusta circuitaria motora, capaz de comandar corpanzis de até sete metros com a agilidade de torpedos teleguiados. Cérebros que não guardam muitas memórias, mas interagem com o ambiente há 400 milhões de anos com prodigiosa eficiência. Em time que está ganhando a evolução não mexe.

E, no entanto, muitas espécies de águas rasas estão desaparecendo, pois não há leis internacionais que impeçam a pesca em grande escala dos elasmobrânquios. Especialistas da União Internacional para a Conservação da Natureza reportaram em 2008 que onze de 21 espécies estudadas estão vulneráveis à extinção. O recém-chegado primata bípede, com polegar opositor e cérebro descomunal, aprecia cação frito, moqueca de arraia e sopa de barbatana de tubarão. A inteligência do bicho homem, que devasta o planeta em malefício próprio, dificilmente durará milhões de anos.

A VINGANÇA DOS MÍOPES

Inteligência é uma palavra politicamente explosiva que designa a eficácia da ação do cérebro no mundo. De Einstein a Daiane dos Santos, de Bach a Mandela, são muitos os tipos diferentes de inteligência fundados na razão, na emoção, na técnica, na inspiração, na sensibilidade e na tenacidade. A inteligência lógico-racional é um antigo foco de atenção da ciência. Os testes de capacidade mental empregados em todo o mundo têm sua origem num pedido do ministro da Educação francês a Alfred Binet, um psicólogo da Universidade Sorbonne, para que desenvolvesse testes práticos que identificassem estudantes propensos a dificuldades acadêmicas. Testes derivados dos propostos por Binet são atualmente usados no cálculo do QI, uma estimativa da proporção entre idade mental e idade cronológica.

Embora possamos medir com certa precisão a inteligência lógico-racional, pouco sabemos sobre os mecanismos neurais que a engendram. Nem o tamanho do cérebro nem a espessura do manto cortical explicam satisfatoriamente as diferenças de QI. Como gostava de frisar o genial Marco Marcondes de Moura (1952-2018), psiquiatra e neurobiólogo da UNB, é o arranjo da malha neuronal que faz a diferença. O problema é que tal arranjo decorre de um número imenso de eventos biológicos e culturais muito difíceis de medir. Por muitos anos os céticos afirmaram ser fútil a procura por um fator neural determinante da inteligência.

Essa posição foi torpedeada em 2006 por um estudo sobre a habilidade intelectual e o desenvolvimento cortical. Utilizando ressonância magnética para medir a espessura cortical em 307 crianças e adolescentes, os pesquisadores descobriram que o córtex de jovens com alto QI é relativamente delgado aos sete anos, aumentando bastante de espessura até cerca de doze anos, para por fim se adelgaçar durante a adolescência. Jovens com QI regular apresentam um desenvolvimento cortical bem diferente: aos sete anos possuem grande espessura cortical, que decai pouco a pouco até a idade adulta. Ao fim do processo a espessura cortical é semelhante nos dois grupos. Com base nesses resultados, os pesquisadores propuseram que o fator determinante do QI é a trajetória de desenvolvimento cortical, que produz arranjos neuronais diferentes conforme a idade em que o córtex atinge o máximo de espessura. Numa tradução simplista: ter o córtex espesso aos doze anos permite um maior desenvolvimento cognitivo do que aos sete anos.

O achado permite uma especulação curiosa. Nossos ancestrais hominídeos foram caçadores e coletores por milhões de anos, um longo período em que foram selecionados por sua habilidade na preparação de ferramentas simples e por sua capacidade de transmitir essa tecnologia de uma geração a outra. É plausível que, durante todo esse tempo, tenham sido selecionadas as crianças que aprendiam mais depressa as poucas mas valiosas lições da Idade da Pedra, isto é, aquelas que cedo atingiam máxima espessura cortical.

Hoje, há muito mais coisas a serem aprendidas, e talvez seja mais adaptativo terminar a infância com um córtex relativamente delgado que se espessa no início da adolescência, permitindo o aprendizado de habilidades mais complexas. Assim como o desenvolvimento técnico-científico deu aos míopes um lugar na evolução da espécie, é possível que tenha resgatado com todas as honras as pessoas de alto QI, muito boas com livros e computadores, mas incapazes de lascar pedregulhos e caçar mamutes.

SOBRE GOLFINHOS E ASNOS

Muitas vezes a teoria elaborada para explicar os fatos não faz sentido. Em outras, são os próprios fatos que deixam de ser corretamente observados, o que resulta em asneira da grossa. Ainda assim a ciência tolera o dissenso. Seja por opção epistemológica, como preconizou o anarcofilósofo Paul Feyerabend (1924-94), seja por inevitável proliferação de vozes díspares, pratica-se na ciência uma seleção de teorias que, mesmo ferrenha, raras vezes elimina por completo os perdedores. Para Feyerabend, a imensidão de nossa ignorância pede que se preservem para a posteridade todas as teorias, pois o erro de hoje pode ser verdade amanhã.

No mundo das ideias ninguém está a salvo de erro. O grande Aristóteles (385 a.C.-323 a.C.) acreditava que a função do cérebro era resfriar o sangue. Um caso mais recente é o argumento de que os cetáceos, por terem em seu enorme cérebro alta proporção de células gliais, teriam baixa capacidade intelectual. Segundo o neuroetólogo sul-africano Paul Manger, o excesso de glia seria uma adaptação termogênica à vida em água fria e redundaria em um aumento cerebral desacoplado da inteligência.

Qualquer pessoa bem informada sabe que os cetáceos são muito inteligentes. Dentre suas várias aptidões, a mais sofisticada é o sistema de vocalização que lhes permite nomear cada indivíduo do grupo de forma única. Livres na natureza, cetáceos se comunicam para realizar uma imensa gama de interações sociais, inclusive trabalho coletivo de pesca de cardumes. Mesmo assim a ciência publica e discute seriamente a teoria dos golfinhos burros, um curioso retorno, com sinal invertido, à teoria aristotélica do cérebro.

A miopia factual de Manger se apoia na teoria tradicional de que as células gliais, por não transmitirem impulsos elétricos, são irrelevantes para o comportamento do organismo. No entanto, vem se fortalecendo a noção de que essas células fazem mais do que apenas servir de andaime físico e nutricional para a rede neuronal. Secreção de neuromoduladores, neurogênese e controle da forma sináptica são funções parcialmente gliais. Logo, a cognição também é.

Examinados por uma visão moderna da glia, os fatos neuroanatômicos elencados por Manger sugerem que a notória inteligência dos cetáceos na verdade reflete a elevada proporção glial do cérebro deles, que teria coevoluído com propriedades termogenéticas de antepassados comuns da infraordem *Cetacea*.

O episódio ilustra com nitidez uma proposição do filósofo Karl Popper (1902-94), mestre e rival de Feyerabend: não existem fatos observáveis sem uma teoria a priori que permita apreendê-los. Armado de uma teoria ultrapassada sobre a glia, Manger zurrou que os golfinhos são burros. Se falassem a língua dos homens, eles certamente discordariam... — com todo o respeito que esses equinos merecem.

MAIS LUZ

A ESCOLA LATINO-AMERICANA DE EDUCAÇÃO, Ciências Cognitivas e Neurais (<laschool4education.com>) é uma iniciativa internacional que seleciona e prepara jovens pós-graduandos, com sólida base em ciências e matemática, para realizar pesquisas sobre educação de modo quantitativo e bem controlado. A América Latina foi escolhida para sediar essa escola por ter grandes problemas educacionais, mas também por possuir currículos unificados nacionalmente, o que pode permitir a rápida propagação em escala de achados científicos pertinentes para a educação. Por causa do terremoto de 2010 no Chile, a poucos dias do início do trabalho, a realização da primeira edição foi adiada para março de 2011. Por meio de aulas e oficinas com especialistas mundiais, estudantes de múltiplos países, reunidos por duas semanas no remoto deserto do Atacama, foram instigados a criar uma pedagogia com base em evidências empíricas.

No dia da inauguração, me lembrei de um verso de Fernando Pessoa: se "tudo são símbolos", então os analfabetos são cegos de tanta luz. Imagine andar por uma cidade sem compreender o significado das placas e letreiros! Há de ser assustador, tão vasta é a miríade de sentidos ocultos. Diante de uma banca de jornais, um analfabeto olha o sol de frente e não vê nada.

Alguns pesquisadores acreditam que a alfabetização, por ser muito recente do ponto de vista evolutivo, não ocorre em estruturas cerebrais exclusivamente dedicadas a ela. Ao contrário, utilizaria sistemas neurais que evoluíram em associação com funções cognitivas mais antigas, como o reconhecimento de faces, casas e objetos. Em crianças em processo de alfabetização, o imageamento cerebral durante a exposição a estímulos ortográficos revela a ativação de uma região cortical específica denominada área visual de formas de palavras (AVFP). O curioso é que ela se encontra em uma região responsiva a faces. Qual é o papel dessa área na alfabetização de crianças e adultos? Ensinar a ler e escrever melhora o desempenho neural em geral ou existe competição entre funções — por exemplo, entre leitura e reconhecimento de faces?

Algumas respostas foram publicadas em 2010 na revista *Science* por uma equipe de cientistas franceses, brasileiros e portugueses de diversas instituições, entre as quais o Institut National de la Santé et de la Recherche Médicale (Inserm) e o Centro Internacional de Neurociências e Reabilitação da Rede Sarah. Liderados pelo matemático e neurocientista Stanislas Dehaene, os pesquisadores dissecaram os efeitos da escolaridade e da alfabetização no estudo da ativação da AVFP e de outras áreas corticais, por meio de comparações entre analfabetos, alfabetizados na infância e ex-analfabetos. Foram medidas as respostas cerebrais a linguagem falada e escrita, faces, casas, ferramentas e padronagens visuais em adultos com diferentes níveis de alfabetização. Verificou-se que a alfabetização incrementou respostas visuais e fonológicas, aumentou a ativação pela escrita do giro fusiforme esquerdo e induziu uma competição com a representação de faces nessa região.

Nas palavras do pesquisador Felipe Pegado, coautor do estudo: "O único animal que consegue ler é o homem, daí nossa proeminência na Terra. E, para ler, é preciso conectar os circuitos da visão com os da linguagem". O estudo trouxe ainda um achado inspirador: boa parte das mudanças neurais relacionadas à alfabetização ocorreu mesmo em adultos ensinados tardiamente. O sol, assim como as letras, nasce para todos.

APRENDER E ENSINAR

VIVEMOS A GRANDE ACELERAÇÃO COGNITIVA pós-computadores, aurora da internet de inéditas possibilidades. Entretanto, com a acumulação explosiva do saber, cresce a distância de preparo intelectual entre crianças ricas e pobres. Em qualidade educacional, todos os países da América Latina, com exceção de Cuba, estão muito aquém dos líderes europeus, dos Estados Unidos, de Israel e da Austrália. No índice da Unesco de desenvolvimento educacional, o Brasil vem depois de Uruguai, Argentina, Chile, México e até mesmo El Salvador. Democratizar o acesso à educação requer investir energia nos aspectos críticos que permitam aos filhos de pais culturalmente espoliados a volta por cima que só o saber propicia.

Retornei em março de 2011 de duas intensas semanas no deserto do Atacama, no Chile. Aos pés do vulcão Licancabur, 43 estudantes e 33 professores de vinte países se reuniram para estudar, discutir e imaginar o futuro da educação. Partimos da constatação de que a escola ensina ciências, matemática e línguas de modo nada científico. Abundam distintos métodos pedagógicos, mas inexiste confronto empírico entre suas distintas eficácias. O ensino é quase sempre baseado em tradições e opiniões qualitativas. Onde está uma ciência educacional mensurável, testável e melhorável? Sem responder a essa pergunta, é provável que a desigualdade educacional mundial siga aumentando.

Dizemos na Capoeira: "Sou discípulo que aprende, mestre que dá lição". Aprendi alguns pedaços do quebra-cabeça que, uma vez montado, permitirá ensinar ciências com o mesmo rigor aplicado ao fazer científico. O direcionamento da atenção do aluno para os pontos críticos da matéria estudada tem um efeito robusto na retenção de memórias. Gestos não verbais são cruciais nos momentos que antecedem os saltos cognitivos. Jogos eletrônicos pedagógicos podem reverter os déficits de aprendizado da dislexia. O projeto Um Computador por Aluno, que hoje inclui todas as crianças do Uruguai, permitirá adquirir dados massivos sobre a aprendizagem escolar de cada aluno desse país, criando um imenso laboratório do conhecer. De minha parte, enfatizei os avanços no entendimento do papel da nutrição e do sono na aquisição e no processamento de memórias. Como tanto insistiram Leonel Brizola e Darcy Ribeiro, sem condições fisiológicas adequadas ninguém entende nada.

Saí do deserto com a sensação de que há luz no fim do túnel. O mais emocionante foi a instigação para que os alunos se lancem de corpo e alma ao problema. Quando David Klahr, da Universidade Carnegie Mellon, apresentou dados provocativos que colocam em xeque o construtivismo no ensino de ciências, convidamos os alunos a desenhar experimentos para desbancar essa posição aparentemente reacionária, bem como qualquer outra apresentada nas aulas diurnas e nas fogueiras noturnas. Os olhos brilharam de curiosidade e utopia.

CONSTRUINDO A PONTE

O MUNDO DE NOSSOS BISNETOS será lindo ou pavoroso? Ninguém sabe a resposta, mas todos parecem concordar, do norte ao sul, da esquerda à direita, dos ateus aos religiosos, que a chave para o sucesso de nossa civilização é a disseminação da educação. Do ponto de vista do futuro da espécie, a ponte entre neurociência e educação é a que apresenta maior potencial positivo para otimizar o modo como crianças e adultos aprendem, o que explica o fascínio público com o tema. Mas em que pode a neurociência de fato ajudar a educação? Essa ponte existe?

Com o intuito de elucidar essas perguntas, organiza-se todos os anos a Escola Latino-Americana de Educação, Ciências Cognitivas e Neurais, carinhosamente chamada pelos participantes de LA School. Em 2014 essa imersão de duas semanas ocorreu em Punta del Este, reunindo 49 novos alunos, nove alunos veteranos e 39 professores de todo o mundo. A realização da LA School no Uruguai teve um significado especial, pois se trata do país que ousou equipar cada um de seus alunos com um computador portátil para uso diário, tanto na escola quanto em casa. O projeto começou em 2007 com 150 crianças de uma única escola. Em outubro de 2013, o presidente José Mujica entregou a máquina de número 1 milhão.

Se os benefícios dessa massiva inclusão digital já se fazem sentir em diversos indicadores, persiste controvertida a progressiva gamificação da aprendizagem, em que programas de computador mais ou menos lúdicos começam a substituir a aula tradicional. Certas evidências de transferência de habilidades entre domínios cognitivos distintos sugerem que mesmo jogos aparentemente não educativos podem ser úteis, mas também há achados empíricos questionando a generalização de habilidades desse tipo. Com implicações complexas, o tema é obrigatório, pois a vida das crianças e jovens já se gamificou há anos.

Outro problema abordado na LA School é a disputa entre os métodos global e local de aprendizado da leitura. Por razões históricas e filosóficas, muitos professores adotam o método global, em que desde o início se ensina a ler palavras inteiras e contextualizadas. Esse método é adotado em detrimento do método fônico, em que as crianças primeiro aprendem a ler letras e sílabas para depois passar a palavras inteiras. Nesse ponto colidem pedagogia e neurociência, pois a maturação dos sistemas neurais que permitem mapear grafema em fonema e daí em significado precede a maturação do circuito que mapeia grafema em significado. Primeiro é preciso mapear símbolos simples em sons para depois dar sentido às combinações desses símbolos. Fazer o contrário é remar contra a maré do desenvolvimento cerebral, aumentando desnecessariamente a dificuldade do aprendizado.

Alguém poderia objetar que nesse caso a neurociência não vai muito além do que a psicolinguística já sabia, mas, como lembra o grande neurocientista francês Stanislas Dehaene, compreender o desenvolvimento dos circuitos neurais responsáveis pela leitura ajuda os professores a ter modelos concretos para alicerçar a prática pedagógica.

EDUCAÇÃO, POBREZA E DESTINO

A POBREZA É A ESFINGE que encara nosso progresso desenfreado com a urgência dos 7 bilhões de habitantes da Terra: "Decifra-me ou te devoro"... Pobreza material quase sempre causa pobreza cultural, que por sua vez pode instalar-se mesmo na relativa abundância de bens materiais. Há muito suspeita-se que a pobreza prejudique o desenvolvimento cerebral. A hipótese acaba de ser corroborada por um estudo sobre a relação entre fatores socioeconômicos e morfometria cerebral, numa amostra de 1099 indivíduos entre três e vinte anos de idade. Foi encontrada uma relação logarítmica entre renda familiar e extensão do córtex cerebral: em famílias pobres, pequenas diferenças de renda foram associadas com grandes diferenças de extensão cortical, o que não ocorreu em famílias ricas. Os maiores efeitos foram encontrados em regiões relacionadas a linguagem, leitura, funções executivas e habilidades espaciais, todas essenciais ao aprendizado escolar. Esses resultados, publicados em 2015 na revista *Nature Neuroscience*, ajudam a elucidar de que forma o azar de nascer pobre torna-se destino transgeracional.

Quando falta comida, o desenvolvimento cerebral se dá em detrimento do crescimento corporal, mas a mera ingestão calórica não garante a saúde do sistema nervoso. Dietas ricas em amido, comuns entre os mais pobres, não fornecem lipídeos essenciais para a comunicação sináptica. A boa nutrição da gestante e o aleitamento materno nos primeiros seis meses são cruciais para a maturação adequada do cérebro. A amamentação pode e deve persistir depois dos seis meses, pois além da alimentação ela provê a mais importante estimulação psicossocial que um bebê pode receber. Quando bem cuidado no início da vida, o filho do pobre tem chance de escapar ao seu destino. Mas as carências que precisará superar são muitas: pouco tempo de qualidade com os pais, baixa estimulação sensorial e motora, reduzida oportunidade de leitura. Em ambiente tão adverso, se tornam determinantes as variações genéticas que predispõem a problemas como a dislexia.

Pesquisadores da Universidade de Jyväskylä acompanham, desde 1993, o desenvolvimento de cem crianças finlandesas com alto risco de dislexia, por terem pais disléxicos que possuem algum parente próximo com dislexia. Quando bebês, respostas cerebrais para sons da fala puderam prever a capacidade de leitura em idade escolar. Ao final do segundo ano do primário, os filhos de pais disléxicos tiveram quatro vezes mais chance de se tornar disléxicos do que os filhos de pais não disléxicos. Entre os fatores ambientais, a leitura compartilhada com os pais foi a variável que melhor previu o sucesso no desenvolvimento linguístico. Jogos eletrônicos para treinar conexões entre fonemas e grafemas se mostraram eficazes no tratamento da dislexia. Em conjunto, essas descobertas fundamentam uma nova ciência do aprendizado, capaz de combinar psicologia, neurobiologia, fisiologia, computação, economia e muitas outras disciplinas para otimizar a pedagogia.

SÃO JORGE E O DRAGÃO DA MALDADE

O QUE É O ABUSO DE PODER? com exceção da crueldade sádica que inflige dor desnecessária, a vítima frequentemente percebe a opressão como uso privilegiado de recursos pelo dominador, que por sua vez considera tal monopólio um direito, e não representa a si próprio como mau. Assim como ocorre com outros animais sociais, humanos organizam-se em hierarquias dominadas por minorias. Desigualdades são impostas pela força real ou simbólica, resultando no acesso preferencial a recursos vitais como alimento, abrigo e sexo. Em contrapartida, indivíduos dominados têm alto nível de estresse pela redução de nutrientes, menor gratificação, pouco controle sobre o ambiente, baixo suporte social e ausência de válvulas de escape para a frustração. Existe forte correlação entre o estresse e a saúde hormonal, cardiovascular e imunitária. Indivíduos oprimidos costumam apresentar supressão reprodutiva, enquanto indivíduos dominantes tendem a gerar prole viável.

O estabelecimento de hierarquia entre indivíduos de uma mesma espécie é influenciado por fatores intrínsecos — como diferenças de tamanho, peso, propensão à ansiedade — e extrínsecos — por exemplo, experiência social pregressa. Um estudo de 2007 publicado por pesquisadoras da Escola Politécnica Federal de Lausanne, na Suíça, sugere que a diferença de estresse durante o primeiro encontro entre dois indivíduos reforça a memória da hierarquia social. Ratos adultos desconhecidos e pareados de modo a equilibrar fatores intrínsecos foram submetidos a uma competição por água. Em cada par, um animal era sorteado para sofrer estresse por choque elétrico logo antes do experimento. As pesquisadoras descobriram que os animais estressados tendem a ser subordinados no primeiro encontro, isto é, consomem menos água. Além disso, a mesma ordem hierárquica se repete num segundo encontro competitivo realizado uma semana depois. O bloqueio farmacológico da síntese proteica nos ratos estressados reduz significativamente a subordinação tardia, indicando um apagamento da memória social de longo prazo.

Em seres humanos, hierarquias se perenizam através da herança de bens e informação dentro de famílias eletivas. "Manda quem pode, obedece quem tem juízo." Não obstante, os dominantes não são necessariamente os mais saudáveis, pois a manutenção do poder pode ser estressante, em especial em hierarquias instáveis e muito desiguais. "Não bate no menino que o menino cresce, quem bate não lembra, quem apanha não esquece." Em babuínos selvagens os níveis de estresse são bastante altos entre os machos dominantes, que precisam defender sua posição sem descanso. Levada ao extremo em nossa espécie, a desigualdade social é o dragão da maldade implícito no lema "Socialismo ou barbárie", da filósofa revolucionária Rosa Luxemburgo (1871-1919). O Brasil tem hoje a terceira maior população carcerária do mundo — quase 800 mil pessoas vivendo em masmorras infernais. Longe dali, mas trancafiados em casamatas, os poderosos têm pesadelos com os infelizes lá fora. São Paulo é a capital mundial dos helicópteros, quem tem fé pede a São Jorge, e no inferno do cárcere ninguém quer pensar.

DEUSES, HUMANOS, VIDA E MORTE

A MORADA DOS DEUSES

COM EXCEÇÃO DOS ATEUS FUNDAMENTALISTAS, a imensa maioria das pessoas do planeta é unânime em afirmar os deuses como verdadeiros senhores do destino humano. Não transcorre um dia sequer sem que multidões se matem, lacerem, confessem, congreguem, trabalhem, sacrifiquem e curem em nome do divino. Os fiéis falam a seus deuses por meio de preces. Muitos escutam respostas, e alguns chegam a ter visões. Seria tudo isso força de expressão, invenção, besteira arrematada? Ou será que é tudo verdade?

Se é incerta a existência dos deuses como coisa real por fora, precisamos admitir sua verdade como coisa real por dentro. Os deuses evoluíram no cérebro de nossos ancestrais por milênios como ideias de fácil replicação. Esse é o argumento central do livro *Quebrando o encanto: A religião como fenômeno natural* (Globo, 2012), em que Daniel Dennett defende que as diferentes religiões sejam classificadas como benignas ou malignas conforme a tolerância reservada aos infiéis. Mas Dennett tem pouco a dizer sobre o substrato neural dos deuses.

A mais ousada contribuição já feita sobre esse assunto permanece sendo *A origem da consciência no colapso da mente bicameral*, um livro revolucionário ainda não traduzido para o português que fez seu autor, Julian Jaynes — hoje quase esquecido —, ser aclamado em 1976 pelo *New York Times* como "o novo Freud". Segundo Jaynes, os deuses tiveram origem nas memórias auditivas que nossos antepassados guardavam dos chefes tribais após sua morte. Palavras de comando capazes de organizar o trabalho social mesmo na ausência do rei. Pensamentos que mesmo ocorrendo dentro do cérebro das pessoas eram percebidos como alheios, prevendo a hora certa de plantar, colher e guerrear. Com o tempo, essa separação de funções neurais teria convergido para uma consciência bicameral, na qual parte da mente opera como autômato no mundo presente, enquanto a outra dá ordens baseadas na experiência do passado e na expectativa do futuro. Tal separação entre uma mentalidade imperativa e outra executora teria chegado a seu ápice no vale do Nilo, onde as vozes e imagens vividas por um único indivíduo regiam milhares de pessoas na construção de pirâmides colossais.

Numerosos cataclismas e migrações a partir de 1,3 mil a.C. teriam desorganizado o mundo bicameral, tornando-o menos previsível. O conhecimento divino teria então se tornado obsoleto, os deuses foram se calando, e os homens progressivamente fundiram as duas mentalidades num único ego reflexivo e projetivo. Antes tão adaptadas, pessoas que alucinam comandos auditivos foram aos poucos perdendo importância na sociedade, até serem banidas da normalidade com o nome de esquizofrênicos. Hoje, para o bem ou para o mal, o problema de quem crê nos deuses mas não escuta suas palavras é bem menor do que o do ateu que ouve vozes.

Se non è vero, è ben trovato. Jaynes propôs a primeira teoria evolutiva da consciência baseada na tradução literal de textos da Antiguidade, de Gilgamesh ao Velho Testamento, de Hamurabi a Homero. Abrangendo o candomblé, o pentecostalismo e a hipnose, localiza a morada dos deuses no hemisfério cerebral direito e desde os anos 1970 aguarda testes empíricos.

A longa espera começou a acabar em 2012, quando pesquisadores argentinos na Universidade Princeton, na Universidade de Buenos Aires e no T.J. Watson Research Center da IBM, em Nova York, publicaram a primeira mensuração da quantidade de introspecção em textos históricos.

Os autores avaliaram dezenas de textos judaico-cristãos e greco-romanos desde 900 a.C. até 200 d.C., bem como textos do século XX (n-gramas do Google). O estudo consistiu no cálculo da distância semântica média entre a palavra de referência "introspecção" e todas as palavras encontradas nesses textos. Os autores Diuk, Slezak, Raskovsky, Sigman e Cecchi utilizaram uma estratégia engenhosa, pois a palavra "introspecção" é na verdade ausente de todos os textos antigos, servindo portanto como uma sonda "invisível" para a detecção do conceito.

As distâncias semânticas foram avaliadas pelo método da "análise semântica latente", um modelo de alta dimensionalidade em que a similitude semântica entre palavras é proporcional à sua coocorrência em textos com temas coerentes. A abordagem vai muito além da mera contagem da ocorrência de palavras em um conjunto de textos, permitindo realmente medir o quanto o conceito de introspecção é representado em um "sentido semântico distribuído", em sintonia com o holismo semântico dos filósofos G. Frege (1848-1925), Wittgenstein (1889-1951), W. Quine (1908-2000) e D. Davidson (1917-2003), que viria a se tornar essencial na inteligência artificial e no aprendizado de máquinas.

Os resultados foram notáveis. Em textos judaico-cristãos, o conceito de introspecção aumentou gradualmente ao longo do tempo, com uma inflexão positiva entre o Antigo e o Novo Testamentos. Em textos greco-romanos, compreendendo 53 autores de Homero a Júlio Cesar, uma dinâmica mais complexa apareceu, com o aumento do conceito de introspecção em períodos de desenvolvimento cultural e diminuição durante os períodos de decadência cultural. Textos do século XX mostraram aumento progressivo do conceito de introspecção com o tempo, com períodos de declínio antes e durante as duas Guerras Mundiais. Como Jaynes teria previsto, ascensão e queda de sociedades inteiras parecem ser acompanhadas por aumentos e diminuições na introspecção, respectivamente.

O estudo de Diuk e colaboradores mostra que a evolução da vida mental pode ser quantificada a partir do registro cultural, abrindo uma nova e ampla arena para testar as hipóteses de Jaynes. Embora seja impossível provar que as pessoas da Antiguidade "ouviam" as vozes dos deuses, os resultados apontam novas formas de estudar textos históricos e contemporâneos. Em particular, a sondagem de textos antigos com palavras como "sonho", "deus" e "alucinação" apresenta um grande potencial para testar conceitos jaynesianos.

O estudo também reforça a noção de que a consciência é uma construção social em fluxo constante. Nas palavras de Guillermo Cecchi, coautor do artigo, "não são apenas os *trending topics*, mas todo o aparato cognitivo que muda ao longo do tempo, indicando que a cultura coevolui com os estados cognitivos disponíveis. O que é socialmente considerado como disfunção pode agora ser testado de uma forma mais quantitativa". De fato, mais e mais as ferramentas da ciência da computação vêm sendo aplicadas à psicologia e à psiquiatria. Em colaboração com a psiquiatra Natália Mota e o físico Mauro Copelli, venho demonstrando nos últimos anos que a análise matemática da estrutura do discurso de pacientes psicóticos permite o diagnóstico diferencial de esquizofrenia e transtorno bipolar. Atualmente investigamos, com a mestranda Sylvia Pinheiro, do Programa de Neurociências da UFRN, se características estruturais típicas do discurso de psicóticos também ocorrem em textos da Antiguidade.

Nesse início de século XXI, a quantificação precisa do comportamento humano e seus produtos — incluindo textos —, bem como a disponibilidade de dados massivos (*big data*), criam novas e estimulantes oportunidades para a pesquisa em neurociência. Por exemplo, há agora muito mais ferramentas para estudar a interação entre linguagem, alfabetização, introspecção e lateralização hemisférica. O estudo de Diuk e colaboradores abre caminhos especialmente úteis para o recente boom nas técnicas de decodificação da atividade neural, através das quais conceitos abstratos podem ser medidos de forma direta. O grupo de pesquisa liderado por Jack Gallant em 2013, na Universidade da Califórnia em Berkeley, demonstrou que representações semânticas no córtex cerebral são distorcidas pela atenção de uma forma holística, à la Frege.

Mais especulativamente, o estudo de Diuk e colaboradores sugere a necessidade de uma relação ainda mais íntima entre a inteligência artificial e a neurociência, pois permite considerar a IA como uma ferramenta para compreender a articulação entre cérebro e mente, e não apenas como uma útil imitação da mente. Dada a complexidade do cérebro, essa talvez seja a melhor forma de avançar. Sem um modo objetivo de modelar e quantificar os significados das palavras e dos pensamentos, nenhuma compreensão profunda da mente será possível. O advento da arqueologia mental quantitativa é mais do que bem-vindo. Quem sabe nos permita, afinal, adentrar a morada dos deuses.

A PORTA DE SAÍDA

Se para morrer basta estar vivo, a certeza de coisa tão incerta pode ser insuportável. Talvez por isso a crença na vida após a morte seja pilar de tantas religiões importantes. No cristianismo e no islamismo, a morte é seguida de uma nova vida, eterna e roteirizada conforme a somatória dos acertos e erros do defunto. Sofre-se no inferno a retribuição pelas maldades praticadas, assim como a recompensa da generosidade é o céu. Já na umbanda, no espiritismo e no hinduísmo acredita-se num ciclo de reencarnações em que cada nova existência é afetada pelos atos cometidos na vida precedente.

E o que pensa a ciência sobre a vida após a morte? A bem da verdade, nada. É decomposição bioquímica, simplesmente. A vida é uma só e quando termina é para sempre. As diferentes concepções religiosas não passariam de noções arcanas e supersticiosas, criadas para pacificar a fera humana e dominar o medo do fim. O além seria apenas um grande escuro total, e ponto-final.

Uma síntese entre posições tão distintas talvez tenha raiz no fenômeno da quase morte, relativamente comum em pacientes ressuscitados. A experiência subjetiva de quem quase foi mas voltou para contar a história varia conforme os valores e as expectativas dominantes de cada cultura. Os relatos incluem euforia, desconexão mente-corpo, retrospecto panorâmico da própria vida, encontro com pessoas queridas já falecidas, um túnel com saída luminosa e a passagem para um mundo fantástico.

Experiências de quase morte são frequentemente concomitantes com insuficiência cardiopulmonar, resultando em falta de oxigenação. As milagrosas "ressurreições" em pacientes sem sinal eletroencefalográfico detectável sugerem que exista um longo intervalo entre o início da degeneração neuronal e a conclusão da morte da consciência. É possível que distorções na percepção do tempo causadas por hipóxia transformem alguns minutos de quase morte numa experiência aparentemente eterna.

Durante esse período, o cérebro perde aos poucos o contato com o real, substituindo a cena externa por aquilo que a consciência viveu ou espera encontrar ao morrer, como a luz na saída do túnel que tanto simboliza morte quanto nascimento. O cérebro agonizante sonha que ainda vive, dominado pelas representações marcantes que colheu em vida, boas ou más. Se estas incluem a crença na reencarnação, o processo se prolonga numa sucessão de sonhos dentro de sonhos.

E assim convergimos da neurobiologia para a moral religiosa: praticar o bem para não sofrer depois. Até que morram todos os neurônios, se esgotem os ciclos de samsara, desabe o mundo dos sonhos e a consciência possa, enfim, adentrar o nirvana. Fundir-se com Olorum para já não ser de lugar nenhum.

TEMPOS HERÉTICOS

O DEBATE PARAPSICOLÓGICO FOI INTENSO nos primórdios da psiquiatria, e parte do conflito entre Sigmund Freud (1856-1939) e Carl Gustav Jung (1875-1961) dizia respeito justamente ao misticismo do segundo. Nos anos 1920, o alemão Hans Berger (1873-1941) inventou a eletroencefalografia no afã de pesquisar a telepatia. Durante a Guerra Fria, americanos e soviéticos disputaram a liderança parapsicológica. As universidades Stanford, Duke e Princeton desenvolveram célebres programas de pesquisa sobre supostas capacidades mentais sem mediação sensorial conhecida, tais como a clarividência (obtenção de informação remota), psicocinese (influência mental sobre eventos remotos) e pré-cognição (alerta sobre eventos futuros). A orientação magnética, tradicionalmente estudada no âmbito da parapsicologia, foi validada em pássaros e peixes. Entretanto, a partir dos anos 1980, os principais pilares parapsicológicos foram desacreditados por experimentos mais bem controlados, até que o interesse por esse tipo de pesquisa morreu. Não passava de bobagem.

Esse consenso foi posto em xeque em 2011 por um artigo de Daryl Bem, respeitado professor de psicologia da Universidade Cornell. Cerca de mil voluntários realizaram nove testes psicológicos padrão, porém com uma inversão na sequência de eventos, de modo que as causas se transformavam nos efeitos. Num dos testes, por exemplo, os voluntários viam duas cortinas virtuais na tela de um computador e eram avisados de que uma delas ocultava uma imagem, enquanto a outra não cobria nada. Em seguida, pedia-se que tentassem descobrir onde estava a imagem escondida. Após a escolha, um gerador de números aleatórios (GNA) definia qual cortina deveria conter a imagem, e só então o resultado surgia. Em algumas sessões foi usado um pseudo-GNA, caracterizado por uma sequência predeterminada de números gerados por um único número aleatório inicial. Em outras sessões os pesquisadores utilizaram um GNA verdadeiro, capaz de gerar independentemente um número aleatório a cada rodada.

Após muitas repetições, verificou-se que a taxa de acertos das imagens foi de quase 54%, mais do que o esperado se a escolha fosse apenas por acaso. O curioso é que os resultados foram verificados tanto para o pseudo-GNA quanto para o GNA verdadeiro. Se apenas o primeiro tivesse funcionado, os resultados poderiam ser interpretados como clarividência. Por outro lado, se apenas o GNA verdadeiro mostrasse resultados, seria possível explicá-los por psicocinese. Como ambos deram resultados parecidos, o dr. Bem concluiu tratar-se de um caso de pré-cognição.

A razão de tanto auê é que os achados, se confirmados, demandariam uma nova física. Apesar de todos os efeitos detectados serem pequenos, é possível que revelassem a ponta do iceberg retrocognitivo. E se o tempo fosse mesmo reversível? Será que a psicologia revolucionaria a física? Quem viver... viu?

Estatisticamente persuasivo, o artigo sobre lembranças do futuro provocou reações iradas e não foi corroborado por estudos subsequentes publicados no mesmo periódico. Se os mais irritados vaticinam fim de carreira para Bem, alguns ainda esperam que ele venha a público revelar um trote.

A CASA DOS ESPÍRITOS

NO INÍCIO DOS MISTÉRIOS HUMANOS, os xamãs sabiam tudo que havia para saber. O conhecimento era uno, indivisível, e a realidade de pensar era amarrada pelas tripas à realidade de ser. Depois do verbo, porém, a consciência se desdobrou. Inventou-se a separação entre corpo e espírito, prevalente em tantas culturas distintas. O corpo, concreto e visível, algo genuinamente nosso, mas frágil e passageiro. O espírito, invisível e sutil, longevo e viajante, capaz de se comunicar com outros espíritos distantes no tempo e no espaço e de retornar, um dia, para perto do maior de todos os espíritos, soma de tudo o que há: Deus.

O apartamento dualista entre corpo e espírito, tão aceito pelas religiões, foi atacado pela ciência com a negação da existência de quaisquer espíritos. No lugar de uma entidade exógena cujo substrato material seria algum tipo de éter, cresceu e se impôs ao longo do tempo o conceito de mente. Em vez de uma alma inteligente animando o corpo animal, seríamos apenas uma vasta coleção de processos psicológicos.

Dada a simplicidade da premissa, era de esperar que o dualismo houvesse desaparecido há tempos, desde que o Iluminismo lançou as bases do programa para exterminar Deus e as legiões de espíritos menores. Entretanto, a grande dificuldade de mapear a ponte entre mente e cérebro ressuscitou a velha ideia insidiosamente. Pesquisadores de diferentes campos passaram a professar a autonomia absoluta de suas especialidades, separando a psique das suas bases biológicas. Fracionado em feudos estanques, o problema da consciência atravessou todo o século XX sem resposta, criando novos dualismos de fato, se não de direito. Psicólogos se recusaram a pesquisar neurônios e moléculas. Bioquímicos menosprezaram conceitos como pensamento, consciência e fé. Neurobiólogos reduziram tudo ao cérebro, separando-o do corpo. Filósofos da mente derivaram sem âncora nas infinitas possibilidades da palavra. Os matemáticos — topógrafos mentais por excelência — foram morar em uma torre alta de onde não veem nem são vistos. E a literatura, na qual tudo pode ser, não pode de fato nada. Nessa Babel de vozes dissonantes, por várias gerações ninguém se aventurou a entender a soma das partes.

Felizmente, entretanto, os muros já começaram a ruir. Com o estabelecimento de interfaces tecnológicas e conceituais entre as disciplinas, começamos a engatinhar na direção de uma compreensão unificada do pensamento, retornando ao saber xamânico com as luzes acesas da razão. É provável que muitas das descobertas do terceiro milênio não surpreendessem um sábio de 5 mil anos atrás. Cientistas da Universidade de Aberdeen, na Escócia, publicaram em 2010 a descoberta de que a imaginação de atos futuros ou passados é acompanhada de pequenas mas consistentes inclinações para a frente ou para trás. Portanto, quando nos projetamos mentalmente no tempo, não é apenas o cérebro, mas o corpo inteiro que viaja. Os resultados são mais uma evidência de que as operações mentais guardam correspondência com efeitos somáticos. Parece que a mente está mesmo incorporada na matéria viva de que somos feitos. A casa dos espíritos é o próprio corpo.

LOUCOS SÃO OS OUTROS

NOITE DE SEXTA-FEIRA e a multidão se acomoda para ouvir chorinho em frente a um bar. De repente se ouve o som de uma garrafa explodindo nos paralelepípedos. Gritos e uma impressionante sequência de garrafadas. As pessoas procuram a origem da confusão e afinal detectam uma mendiga colérica a lançar cascos de cerveja sobre pessoas e carros. Furioso porque sua picape foi atingida, um policial saca um revólver e avança em direção à mulher, que não se intimida e vitupera. O policial alterna o olhar entre a multidão e a mendiga, visivelmente tentado a executá-la à queima-roupa. Se estivesse só, dispararia? Mas não diante de tanta gente, que ele não é maluco... A mendiga é afinal contida por vários homens, lançada sobre cacos de vidro e espancada. Quase uma hora depois, desfalecida, é encaminhada ao hospital psiquiátrico.

A convivência com a doença mental, em suas inúmeras e perturbadoras variantes, é um dos mais complexos problemas éticos da vida em sociedade. Qualquer opinião sobre o tema precisa levar em consideração a dor sofrida e causada pelo doente mental. Em sua tese de doutorado na USP, o psiquiatra Alexander Almeida verificou que médiuns do espiritismo alucinam como pacientes esquizofrênicos, mas não apresentam sofrimento psíquico nem desajuste social. De áugure na Antiguidade a interno de hospício após a Idade Média, o louco percorreu um penoso caminho de segregação. Na década de 1930, a descoberta dos efeitos amnésicos e antidepressivos do eletrochoque disseminou um tratamento poderoso cujo abuso se tornou infame. O advento dos psicofármacos, pouco depois, abriu as portas para uma terapêutica aparentemente mais humana. Entretanto, os efeitos colaterais dessas drogas podem ser tão adversos que seu uso muitas vezes resolve apenas o problema dos que convivem com o louco, e não o seu próprio sofrimento. Impregnado e embotado, o louco medicado passou a habitar um mundo cinzento e retesado.

Por décadas o Brasil foi pioneiro mundial na implementação de Centros de Assistência Psicossocial (Caps), que tratam a doença mental por meio de portas abertas para ir e vir, integração comunitária, psicoterapias, arte, paciência, bom humor e amor. No Congresso Mundial de Psiquiatria de 2019, em Lisboa, essa abordagem foi celebrada como a mais eficaz. Entretanto, desde o golpe parlamentar que derrubou Dilma Rousseff em 2016, regredimos rapidamente às internações compulsórias, ao manicomialismo e aos tratamentos em comunidades terapêuticas de cunho religioso. Resulta desse contexto um choque violento entre a Associação Brasileira de Saúde Mental e a Associação Brasileira de Psiquiatria, numa série de oposições simplistas mas esclarecedoras: saúde pública versus privada, comunidade versus consultório, pobre versus rico, amador versus profissional, metafísica versus ciência, necessidades populares versus interesses das grandes corporações.

Um absurdo dentro do outro como numa boneca russa: a fragilidade da miséria, o descontrole da polícia, a turba raivosa, o abandono da família, a dedicação insana dos profissionais da saúde, a exposição do louco à demência alheia, os cientistas em alienação molecular e os executivos malucos por dinheiro. Que loucura...

A SOLIDÃO DA PASSAGEM

TABU PROFUNDO, aquilo que ninguém quer lembrar. Desejo de não mais desejar, dilema de toda a vida. Algumas pessoas não pensam nisso e outras evitam pensar. Quantas pensam todo dia? Por tristeza, vergonha, dor, ódio, culpa ou ansiedade, a cada ano 1 milhão de pessoas em todo o planeta tiram de forma deliberada a própria vida. A Organização Mundial da Saúde (OMS) estima que o número anual de tentativas fracassadas de suicídio chegue a 10 milhões. Eis aí, afinal, um comportamento típico dos humanos?

Talvez. Muitos animais além de nós são capazes de expressar tristeza, mas em geral lutam mesmo é para permanecer vivos. Dessa regra não escapa nem mesmo o lemingue, roedor do Ártico que ficou famoso em filmes de Walt Disney — como o documentário de 1958, *White Wilderness*, sem título em português, mas que poderia ser traduzido como “Imensidão branca” — pela suposta propensão ao suicídio em massa. Na verdade, o comportamento grupal de se lançar de altas falésias é um desafortunado acidente migratório na história natural da espécie, fruto de superpopulação e desconhecimento da rota. Com seres humanos não é tão simples. Morre mais gente por suicídio do que nas guerras. Uns porque almejam o paraíso pós-morte e outros porque não suportam o inferno da vida. Na maior parte dos casos, por uma angústia insuportável de existir. O que há de errado conosco?

Diz-se que nascemos e morremos sós, mas nada lembramos do parto, pois nessa hora a consciência está em fase de formação. Entretanto, na porta de saída, temos encontro marcado com a suprema solidão. Quando partimos rumo ao desconhecido, esperar uma vida nova causa menos ansiedade do que encarar o vazio de frente. Com ou sem expectativa de continuação, o temor da morte é o maior de todos os medos. Por isso, mesmo no sofrimento mais atroz, grande parte das pessoas se agarra à vida com unhas e dentes. O que faz o suicida é o sofrimento psíquico. No momento derradeiro, prestes a cometer o ato, pior do que estar sozinho é não ter nem a si mesmo por perto.

O suicídio é uma opção, e o tratamento também. Há cem anos, usava-se ópio para amortecer o desespero. Hoje, os antidepressivos se baseiam no aumento dos níveis de neurotransmissores como a serotonina. Eficaz no início, a continuação indefinida da terapia farmacológica esbarra no problema da tolerância. Doses cada vez maiores se fazem necessárias para manter um estado que não chega a ser de felicidade, mas de conformação. Com a progressiva prescrição de múltiplos remédios "tarja preta" para um mesmo paciente deprimido, em combinações farmacológicas jamais testadas em estudos científicos, mas mesmo assim implementadas por médicos no dia a dia de seus consultórios, chega-se ao fim de linha da disforia tardia: uma depressão refratária a quaisquer tratamentos, sujeita a mudanças de humor bruscas e violentas, que convidam com persuasão crescente à fuga para sempre desse mundo tão triste, frustrante e doloroso.

Mas existe outro caminho, difícil e precioso, que precisa ser trilhado bem antes do precipício. Com disciplina e coragem, voltar-se para dentro. Nutrir a mente integrada ao corpo, enraizar-se no real, mergulhar no infinito íntimo e celebrar o mistério último. Cantar, dançar, meditar e criar. Sem pressa de chegar, sorver a emoção de viajar. Acompanhar-se integralmente na passagem, na presença completa de si. Deve ser melhor assim.

A VITÓRIA DO TEMPO

POUCAS COISAS SÃO MAIS DEPLORADAS na cultura ocidental quanto o envelhecimento, sinônimo de fragilidade física e decadência mental. De fato, as grandes mudanças corporais que a idade traz são muitas vezes seguidas de doenças neurodegenerativas que terminam por conduzir à demência. Uma delas, o mal de Alzheimer, se caracteriza pelo acúmulo cerebral de neurofibrilas e placas compostas por proteínas tau e peptídeos beta-amiloides, respectivamente. A imunização contra peptídeos beta-amiloides é uma das possibilidades de cura para essa doença.

Mais recentemente, experimentos com camundongos transgênicos demonstraram que os déficits de memória que acompanham a excessiva produção de proteína tau podem ser revertidos pela interrupção da sua síntese. Boas notícias chegam ainda de estudos sobre os hábitos de gêmeos idosos nos quais apenas um dos indivíduos apresenta demência; os resultados indicam que a intensa atividade intelectual retarda o aparecimento do mal de Alzheimer, reforçando a ideia de que o uso constante da mente e do corpo é a melhor terapia contra a erosão do tempo.

No entanto, mesmo superadas as patologias, o idoso parece fadado a se deparar com limites inflexíveis. Dizia Luiz Fernando Gouvêa Labouriau, primeiro bolsista do CNPq e motor crucial da fisiologia vegetal no Brasil, que com o passar do tempo seu cérebro — poderoso, diga-se de passagem — parecia haver chegado ao limite de sua capacidade de armazenamento: para aprender o nome de um aluno novo, necessitava esquecer o nome científico de alguma planta. A brincadeira, proferida em tom sereno, expressava um leve inconformismo com o horizonte intelectual humano. Por ser um sistema finito, o cérebro possui um máximo de estocagem mnemônica, mesmo naqueles que escolhem exercitá-lo por toda a vida.

Mas se até o idoso mais sadio precisa se contentar com a substituição de suas representações cognitivas em lugar da expansão mental fácil da juventude, que vantagem, utilidade ou beleza há na velhice? A resposta a essa pergunta importante encontra-se justamente na receptividade que Labouriau dedicava aos estudantes de todas as idades. Diante do dilema, Labouriau optava por se desprender da memória querida — o nome de uma planta — para cuidar da germinação de mais um jovem cientista em potencial. O investimento do mestre era a fundo perdido, mas para ele a chance de sucesso bastava. A troca de nomes sempre valeu a pena, pois fertilizava o mundo.

Eis aqui a chave do enigma: a grande, incalculável riqueza do envelhecer é a depuração extrema de pensamentos e atos. Não apenas carregar mais memórias, mas sim memórias melhores. Por ser uma propriedade do tecido nervoso, essa depuração pode ocorrer em representações mentais de qualquer tipo, em qualquer ofício humano, a despeito do enfraquecimento de músculos e ossos. Quem duvidar que observe o jogo fabuloso do legendário mestre João Grande (1933), mais antigo e respeitado mestre da Capoeira de Angola ainda em atividade, praticante há mais de sessenta anos da fina arte do venerável mestre Pastinha (1889-1981). Homem idoso e brilhante que facilmente derrota qualquer jogador mais novo, por mais robusto que seja, com o suprassumo da arte de se mover.

Daí o profundo valor atribuído aos velhos sábios em tantas culturas do mundo. As melhores árvores espalham fortes sementes. Cabe a estas vingar.

AGULHAS E TATUAGENS

A INSERÇÃO DE AGULHAS em pontos específicos do corpo é praticada há milênios com fins terapêuticos. Sua origem parece ser a China, mas tatuagens em corpos mumificados encontrados na América do Sul, na Sibéria e na Europa Central sugerem o uso da acupuntura por culturas pré-históricas não chinesas. O exemplo mais famoso é Ötzi, homem preservado pelo gelo alpino por 5300 anos, marcado por tatuagens que parecem indicar, com precisão milimétrica, alguns pontos da acupuntura chinesa. Entusiastas veem nesses achados uma confirmação de que os pontos da acupuntura, distribuídos ao longo de um complexo mapa de meridianos, refletem um conhecimento ancestral objetivo sobre onde atuar no corpo para atenuar a dor. Em 1965, o canadense Ronald Melzack (1929-2019) e o britânico Patrick Wall (1925-2001) propuseram que a acupuntura aniquila a dor pela interferência dos estímulos dolorosos leves com a dor patológica, através de "portais" neurais especializados.

No entanto, o uso da acupuntura na prática médica ocidental enfrenta fortes resistências desde os tempos de Marco Polo. Embora não se duvide mais da eficácia das agulhas para induzir sedação, muitos cientistas sustentam que os efeitos da acupuntura decorrem apenas da crença do paciente no potencial terapêutico do tratamento. Para os céticos, a única utilidade da acupuntura é a indução de um efeito placebo genérico, causado pela liberação de analgésicos endógenos como os opioides. Segundo essa visão, os pontos específicos preconizados pela acupuntura chinesa seriam inúteis como saber médico, não passando de uma velha superstição associada a um bom placebo.

Essa interpretação tem sido questionada por comparações dos efeitos da aplicação de agulhas em pontos e não pontos de acupuntura. Experimentos em ratos revelaram que a estimulação de pontos tradicionais causa uma maior expressão de genes induzidos por atividade neural em regiões do cérebro associadas a dor e atenção. O imageamento cerebral de humanos por tomografia de emissão de pósitrons (PET) também ajuda a elucidar a questão. Comparando os efeitos da acupuntura com a aplicação de tratamento placebo, pesquisadores italianos observaram que a acupuntura causa uma forte ativação em áreas cerebrais relacionadas à dor, conforme previsto pela "teoria dos portais" dos anos 1960. Outro grupo de pesquisadores na Inglaterra comparou acupuntura e placebo com o toque não perfurante de agulhas de madeira. O toque cutâneo causou ativação apenas das áreas cerebrais relacionadas ao tato, enquanto o tratamento placebo ativou também as áreas cerebrais relacionadas à recompensa e à liberação de opioides. A acupuntura, além de todas essas áreas, ativou ainda o córtex insular, implicado na modulação da dor.

Em conjunto, esses resultados sugerem a existência de um efeito específico dos pontos da acupuntura, para além da fé na eficácia das agulhas. Quando praticada em seus pontos tradicionais, a acupuntura parece ser capaz de perturbar o circuito neural responsável pela percepção consciente da dor, de forma a diminuir sua intensidade. Mas de que modo os rudes antepassados de Ötzi aprenderam a realizar esta sofisticada reprogramação neural? É provável que a terapia envolvesse inicialmente apenas o efeito placebo, evoluindo depois, por tentativa e erro, para a aplicação nos pontos que melhor atenuam a dor. Grandes sábios tatuados do passado!

A RE-EVOLUÇÃO DOS BICHOS

A BUSCA DA CARACTERÍSTICA capaz de nos distinguir de outros animais é tipicamente humana. Assim como outros bichos, namoramos, procriamos, evitamos predadores e matamos para comer. A novidade dos últimos milhares de anos foi a domesticação de animais e plantas, cujos usos vão muito além da simples fonte de alimento. Utilização implícita no mito da arca de Noé, verdadeiro banco de genes salvo do Dilúvio para o bem da humanidade. Mas, quando Moisés desceu da montanha, o mandamento "não matarás" foi aplicado apenas aos membros da própria tribo. Todos os demais seres continuaram a representar mero recurso para exploração.

Há base científica para definir quais animais podem ser usados pelo homem e quais devem ser resguardados? O cérebro do rato pesa dois gramas, o do homem alcança 1,4 quilo. No entanto, todas as principais estruturas cerebrais humanas estão presentes no roedor. Por algum tempo acreditou-se que nossa singularidade fosse o dom de adquirir linguagem. Nas últimas décadas, contudo, verificou-se que seres tão distintos quanto canários, morcegos e elefantes apresentam aprendizado da comunicação. Propôs-se então que somos os únicos com habilidade para utilizar símbolos. Entretanto, observações etológicas demonstraram que a simbolização ocorre em populações selvagens de primatas, bem como em aves e mamíferos treinados por seres humanos.

Embora a consciência persista inexplicada, já não é possível sustentar que somos os únicos a possuí-la. Mesmo assim, amamos e matamos animais a torto e a direito. Ratos usados em larga escala para pesquisas, superlotação de frangos abatidos em série, vacas sagradas na Índia mutiladas em farras "ibéricas".

Nossos melhores amigos não escapam da contradição. Cães servem de almofada para madames em bairros nobres de São Paulo, mas na Coreia simplesmente viram churrasco. Se os gatos foram deuses egípcios, nos morros do Rio de Janeiro viram tamborim. A vida livre não garante melhor sorte. Magníficos leões, elefantes portentosos, colossais baleias e chimpanzés inteligentes são objeto de admiração, mas isso não os protege de serem destroçados por carne, osso ou veneno antimonotonia. Nada que surpreenda, pois assim tratamos nosso semelhante. O cárcere revela quanto podemos negligenciar o bem-estar alheio. A escravidão e a tortura ainda são comuns em quase todo o planeta. Linchamentos e chacinas acompanham a espécie desde seu início. Que o diga Jesus Cristo.

O hábito de usar e abusar da vida asfixia Gaia. Já não se trata dos direitos de uma ou outra espécie, mas de todas. Somos bilhões a consumir, sem saber de onde vem o produto e para onde vai o lixo. A saída do impasse não está no esquecimento de nosso passado carnívoro. Não há soluções simples. Somos o problema, mas também a solução. É preciso diminuir nossa população pelo controle da natalidade. É preciso instituir o comércio justo, em que todos os elementos da cadeia de produção sejam tratados adequadamente. É preciso fortalecer a agricultura familiar, que produz vegetais saudáveis sem lançar mão da perniciosa monocultura. É preciso desenvolver a carne de laboratório, saborosa, saudável e não oriunda de um ser vivo com sistema nervoso capaz de sofrer. A libertação de nossa sina assassina não passa pela negação da ciência, mas por sua utilização plena, com sabedoria e amor.

HOLOGRAMAS, FARAÓS E DEMOCRACIA

Com quantos neurônios se faz um comportamento? Se é verdade que as sinapses têm memória, um neurônio solitário não toca sonatas de Beethoven. Nos anos 1930-50, Karl Lashley (1890-1958) observou que ratos submetidos a vastas lesões corticais mantinham comportamentos já aprendidos. Sua conclusão foi que as memórias são codificadas por múltiplos grupos neuronais equivalentes, espalhados pelo córtex cerebral.

Como num holograma, a memória do todo contida em cada pequena parte... A teoria da representação neural foi implodida na década seguinte pela descoberta de módulos neuronais capazes de mapear o espaço sensorial. Os experimentos pioneiros de Vernon Mountcastle (1918-2015) no córtex somestésico foram seguidos de estudos clássicos do córtex visual feitos por Torsten Wiesel e David Hubel (1926-2013), agraciados com o Nobel de medicina e fisiologia de 1981. Os módulos neuronais ocorrem em regiões cerebrais próximas às entradas sensoriais, formando um mosaico em que módulos contíguos representam atributos bem simples de porções adjacentes do mundo. Os módulos desaparecem em áreas distantes da periferia, onde as respostas neuronais são mais especializadas. Consolidou-se a teoria da hierarquia piramidal, com poucos neurônios faraós comandando muitos neurônios escravos.

No entanto, experimentos posteriores mostraram que movimentos simples não podem ser descritos pela atividade de neurônios motores isolados, mas por equipes neuronais. O avanço da eletrofisiologia de múltiplos eletrodos permitiu ao brasileiro Miguel Nicolelis demonstrar que equipes neuronais são novamente recrutadas a cada movimento ou percepção. Nicolelis também descobriu que módulos corticais bem organizados se embaralham quando os animais não estão anestesiados, revelando um cenário bem mais próximo de Lashley do que seria legítimo supor há vinte anos, quando as limitações técnicas impediam registros em animais despertos. Longe de ser uma autocracia vertical, o cérebro se parece com um regime democrático, em que os neurônios votam ou se abstêm numa sucessão incessante de assembleias.

Mas a ciência se alimenta de polêmicas. Em 2008, pesquisadores europeus conseguiram a proeza de associar a estimulação de um único neurônio no córtex sensorial de ratos à execução de um comportamento simples — no caso, lamber gotas de água. O achado, que ocorreu em número de vezes bem pequeno, mas estatisticamente significativo, foi interpretado por alguns como evidência de que neurônios individuais atuam como faraós.

No entanto, é preciso considerar que cada neurônio faz milhares de sinapses com outros neurônios, de forma que a ativação de uma célula rapidamente se propaga ao longo de uma enorme cadeia neuronal. O truque que fez o experimento funcionar foi o treinamento prévio dos animais com estímulos robustos, envolvendo milhares de neurônios. Isso condicionou todo um grupo neuronal a funcionar em equipe, permitindo que a estimulação subsequente de uma única célula tivesse chances pequenas mas apreciáveis de disseminar a informação. Não se trata, portanto, de neurônios Tutankamon, mas de representantes eleitos da massa neuronal.

ENQUANTO A CASA CAI

EM AULA MAGNA NA UFRN, um dia após o primeiro debate presidencial de 2014, Leonardo Boff fez um diagnóstico preocupante: nenhum dos candidatos havia dito com clareza a coisa mais importante de todas, que é o fato de vivermos uma emergência ecológica e social sem precedentes, a exigir nossa atenção imediata. O aumento da temperatura média da Terra, as grandes variações climáticas associadas a esse aumento, a desorganização da agricultura e a possibilidade de que falte água até para beber deveriam tirar nosso sono — mas não tiram. Enquanto o desastre não se instala completamente, fingimos ser possível externalizar todos os prejuízos sem pagar preço algum por isso.

Civilização equilibrada apenas pela velocidade, sem harmonia nem sustentação, bicicleta desgovernada em direção ao muro. Em quase todo o planeta sofremos o descontrole da epidemia de covid-19, ainda sem remédio ou vacina. Guerra, fome e peste sempre mudaram as páginas da história. Povos desaparecem rápido, e o holocausto dos índios será luta de morte até o fim. E depois deles os demais?

Enquanto a casa cai, nos distraímos com banalidades. Candidat@s se estapeiam e disputam quem tem mais rabos presos. Imersos em jogos de poder e dinheiro, enredados em disputas tribais, siderados pela discussão do comportamento alheio, vemos, passivos, Gaia adoecer de nossa própria existência. Em nosso país há pouca percepção do tamanho do problema e da responsabilidade que nos cabe. As próximas gerações de terráqueos precisam desesperadamente da liderança ambiental do Brasil — que depois da eleição de Bolsonaro tornou-se um escândalo mundial.

Desmatamos mananciais, não reciclamos lixo, vertemos esgoto nos rios e adoramos embalagens. Queremos crescer mais e mais. Preocupações ecológicas são tidas como frescura num país com excesso de carros e péssima mobilidade pública. País em que as grandes construtoras financiam as campanhas dos principais candidatos e cimentam tudo o que podem. País engajado em construir hidrelétricas na Amazônia, cuja energia alimentará as novas cidades de faroeste em torno das obras, se dissipará em linhas de transmissão de dimensões continentais e fomentará mais indústrias de exportação de matérias-primas para o banquete do mundo.

A preocupação com a grande emergência ambiental costuma ser tachada de apocalíptica ou de descaso com os mais pobres. Afinal, todos têm direito ao livre consumo capitalista, certo? Errado. Ninguém tem esse direito. Se acelerar a independência do petróleo é essencial, reduzir o consumo inútil é vital. A esta altura do campeonato, redefinir nossa relação predatória com a Terra vai sair bem caro. Nossos hábitos vão ter que mudar, mas postergar essa adaptação será ainda pior. Ou mudamos ou nos acabamos. O resto é distração.

DESARMANDO O KALI YUGA

EM 17 DE SETEMBRO DE 2011, manifestantes tomaram uma praça no distrito financeiro de Nova York. O nome do movimento revelou um objetivo ambicioso: ocupar Wall Street. A confrontação inédita no epicentro do capitalismo especulativo pretendeu impedir que o 1% mais rico continue a pilhar e a oprimir os outros 99%, usufruindo dos lucros gerados pela devastação da fauna e da flora do planeta. O movimento espalhou-se por mais de novecentas cidades em todo o mundo, e os rebeldes afirmaram não ceder até a concretização de suas ideias revolucionárias.

Não será fácil. A população da Terra continua a crescer e poluir tudo que pode, levando à extinção em massa de espécies. A economia mundial dá sinais de que vai espiralar para baixo, chumbada na fragilidade das operações bancárias com derivativos, no endividamento inviável e no desemprego asfixiante. Qual é a natureza do desastre em curso? Como chegamos a esse ponto? E o mais importante: como podemos evitar a catástrofe final, o Apocalipse, como chamam os semitas, ou o Ragnarök, segundo a mitologia nórdica?

Durante a segunda metade do século XX, o medo supremo era o de estourar uma guerra nuclear catastrófica, que destruiria depressa o mundo. Embora esse temor ainda persista, o maior risco que corremos não parece ser o fim abrupto, e sim uma decadência inexorável, menos parecida com o Ragnarök do que com o Kali Yuga, uma grande guerra prevista pelo calendário hindu. Segundo essa tradição, vivemos atualmente o início do último de quatro grandes ciclos históricos, a era da discórdia e do ferro, plena de imoralidade, conspurcação e violência. Nas palavras de Nelson Vaz, um dos criadores da imunologia brasileira e crítico mordaz de nossas macacadas, "o fim do mundo é lento e fedorento".

Sinais desse evento catastrófico estão em toda parte. No oceano Pacífico foi localizado um aglomerado de micropartículas plásticas de área equivalente à dos Estados Unidos, cuja entrada na cadeia alimentar marinha tem consequências imprevisíveis e assustadoras. Enquanto isso, o aquecimento e a desertificação de várias regiões do globo são acompanhados de enchentes torrenciais e invernos cada vez mais rigorosos em outras partes, refletindo um aumento desastroso da variância climática. Pesquisadores do Massachusetts Institute of Technology (MIT) publicaram, em 2011, uma revisão pessimista dos cálculos do Painel do Clima das Nações Unidas sobre a velocidade do degelo do Ártico: é quatro vezes maior do que o esperado.

Todos esses males têm sua origem na permissão e na valorização do lucro a todo custo. A despeito da enorme miséria causada pela crise econômica dos últimos anos, o 1% mais rico ainda luta com todas as forças políticas, militares e policiais para preservar o direito à acumulação de capital sem limites. É preciso desarmar essa bomba-relógio. O emocionante movimento Occupy Wall Street pretendeu ser o ponto-final da ganância cega e biocida. Por isso, como a ativista Naomi Klein discursou numa assembleia geral do movimento, "tratemos este momento lindo como a coisa mais importante do mundo. Porque ele é. De verdade, ele é. Mesmo".

Infelizmente o momento lindo se perdeu. Ainda haverá tempo de desarmar o Kali Yuga?

DEMASIADO HUMANO

O TRAÇO MAIS COMOVENTE do macaco humano é sua grandeza. Quando acumula e compartilha recursos essenciais, demonstra estar à altura de Gaia. Quando se eleva acima das necessidades básicas para perscrutar o infinito, brilha como cidadão do Universo. Em setembro de 2008, Bill Gates e Bono Vox anunciaram 3 bilhões de dólares para erradicar a malária, a Noruega aportou 1 bilhão de dólares para o fundo de conservação da Amazônia, e entrou em funcionamento o LHC (Large Hadron Collider, ou Grande Colisor de Hádrons), maior e mais potente acelerador de partículas do mundo, construído na fronteira franco-suíça ao custo de 9 bilhões de dólares. Três exemplos poderosos do combate à miséria de corpo e alma. Ponto para a espécie.

O traço mais encorajador do macaco humano é sua tenacidade. Quase três décadas foram necessárias para construir o LHC. Com 27 quilômetros de perímetro, a máquina mais cara e complicada de todos os tempos serve para chocar feixes de prótons com altíssima energia. Não se destina a melhorar a vida de ninguém, mas promete diminuir nossa ignorância sobre a origem e a natureza da matéria.

No LHC milhares de cientistas de inúmeros países trabalharam e trabalharão lado a lado num esforço coletivo sem precedentes. Mas o macaco humano também é especial em sua capacidade de conflitar. Na contramaré do LHC, alguns céticos fizeram cálculos alternativos e concluíram que as colisões de prótons criarão buracos negros capazes de engolir todo o planeta. Chegaram a entrar na Justiça contra o funcionamento da máquina do Apocalipse. Já refutado juridicamente, seu temor é recebido com indiferença pela grande maioria dos físicos, para quem tais buracos negros, ainda que surgissem, seriam minúsculos em tamanho e duração.

O traço mais patético do macaco humano é sua arrogância. Acreditar que um ato humano isolado possa destruir ou salvar o planeta é de uma presunção colossal. Não há de ser a primeira vez que um de nós acredita dominar tanto poder. Assim foi com a bomba atômica, e no topo de um zigurate sumério sacerdotes loucos de olhar vidrado terão ousado invocar dilúvios.

Por isso mesmo, talvez o traço mais perigoso do humano macaco seja o pendor para o risco. Confiamos demais em nossa sorte. O macaco experimenta, fuça, enfia a mão na cumbuca e quebra para ver o que tem dentro. A bomba atômica não destruiu a atmosfera, mas criou potencial para a morte em larga escala. Se o aquecimento global ainda afeta pouco a vida das pessoas, ursos-polares degelados se parecem cada vez mais com pássaros dodôs. A verdade é que tudo poderia acontecer quando os prótons se chocassem no interior do LHC. Até mesmo nada. Com exceção dos especialistas, terráqueos comuns são leigos demais para opinar. As primeiras colisões do LHC foram previstas para o final de setembro de 2009. Rufaram os tambores da descoberta! Ao fundo, o chiado incômodo do fim dos tempos...

A coisa mais reveladora a respeito do macaco humano é o descompasso entre desejo e realização. Somos azarados e capazes das falhas mais bisonhas. Nove dias após começar a funcionar, o LHC sofreu grande vazamento de hélio líquido. Voltou a operar em 2009, e o mundo ainda não acabou...

O macaco trapalhão insiste e rói as unhas.

IOGA PARA A VIDA

De todas as cartografias da mente desenvolvidas pela espécie humana, a ioga é uma das mais sagradas, antigas e complexas. Por meio de exercícios de respiração, postura, vocalização, meditação e outros mistérios, a ioga construiu uma reputação milenar como prática saudável. Segundo os Upanixades, escrituras hindus cujas origens datam dos tempos do Buda (*c.* 450 a.C.), "não conhece doença, velhice nem sofrimento aquele que forja seu corpo no fogo da ioga. Atividade, saúde, libertação dos condicionamentos, circunspecção, eloquência, cheiro agradável e pouca secreção são os sinais pelos quais a ioga manifesta seu poder".

Entre os adeptos, acredita-se que a atividade proporciona melhora da memória e redução da tensão emocional. Os efeitos benéficos sobre a cognição podem derivar dos exercícios de atenção ativa sobre a respiração e os músculos. Por outro lado, o favorecimento do intelecto talvez seja obtido de forma indireta pela atenuação de condições psicologicamente debilitantes, como a depressão. Estudos científicos apoiam a ideia de que os benefícios da ioga decorrem da regulação do eixo hipotálamo-pituitária-adrenal e do sistema nervoso autônomo. Entretanto, diversos fatores prejudicam a interpretação dos resultados. Em primeiro lugar, os estudos não controlaram os efeitos intrínsecos ao exercício físico, utilizando como grupo controle pessoas que não fazem atividade física regular. Além disso, a maioria dos estudos investigou os efeitos da ioga associados com medicação, dietas e outras terapias. Por fim, a maioria dessas pesquisas foi realizada em populações orientais predispostas a essa prática.

Buscando a resolução dessas dúvidas, a neurocientista Regina Silva, do Programa de Pós-Graduação em Psicobiologia da

UFRN, hoje na Unifesp, liderou uma equipe de investigação sobre os efeitos da ioga na memória, as medidas psicológicas e os níveis de cortisol em brasileiros adultos. Trinta e seis homens sem conhecimento prévio da prática foram submetidos ao experimento por um período de seis meses. Um grupo participou de duas aulas de ioga por semana, mais duas aulas de exercícios físicos convencionais. Outro grupo (controle) participou apenas de exercícios físicos, sendo quatro aulas por semana. Regina e o doutorando Kliger Rocha verificaram ao final do experimento que a ioga promoveu uma diminuição dos parâmetros psicológicos relacionados a depressão, estresse e ansiedade, bem como uma melhora do desempenho mnemônico em uma tarefa de reconhecimento de palavras, tanto no curto quanto no longo prazo.

Houve também uma significativa redução dos níveis de cortisol, hormônio envolvido na resposta ao estresse. Os efeitos nessa população ocidental não exposta a outras terapias adjuvantes superaram os efeitos apenas relacionados à prática física convencional. Os resultados, publicados em 2012 no periódico científico *Consciousness and Cognition*, evidenciaram benefícios específicos da prática. Com certeza há muitas outras fronteiras científicas a explorar nos arcanos segredos da ioga, herança poderosa a iluminar a autodescoberta humana. Mapa da mina da vida, a ioga pede passagem.

A GRANDE FICHA ESTÁ CAINDO

AOS NEGACIONISTAS, em especial aos médicos que embarcaram na gripezinha do atleta Jair Bolsonaro, relembro a tira da genial Laerte, citada há poucos dias pelo poeta e guerrilheiro cultural Gregorio Duvivier: a grande ficha está caindo.

A crise está apenas começando. A covid-19 vitima os pobres de forma brutal, mas também atinge a classe média e os ricos de modo inédito desde a descoberta dos antibióticos. *Ave Caesar, morituri te salutant!*

Vivemos o início da primeira onda da covid-19, e as consequências serão dramáticas se não utilizarmos o melhor da ciência. Negar o desastre e minimizar nossa responsabilidade levarão à multiplicação das mortes e a condições graves que ficarão sem tratamento quando se der a saturação do nosso Sistema Único de Saúde. Rezemos pela saúde de nossas enfermeiras e nossos enfermeiros, que todos os dias arriscam seus pescoços enquanto o pervertido das flexões de pescocinho vai na contramão do mundo e conclama aglomerações.

A OMS foi explícita: todo esforço precisa ser feito para achatar a curva de infecção, reduzindo mortes e ganhando tempo precioso para que as equipes de saúde lidem com os casos mais graves sem que se desorganizem, se estafem ou se contaminem.

Os danos da explosão viral por transmissão comunitária só poderão ser contidos se praticarmos o distanciamento físico e a aproximação virtual. É preciso cessar todas as atividades presenciais não essenciais. É preciso prover água e sabão. É preciso abrir ao povo os hospitais privados. É preciso de fato agir como católico, evangélico, umbandista, espírita, muçulmano ou ateu: é preciso ser humano.

Em paralelo, é urgente a liberação dos recursos para pesquisa contingenciados nos últimos anos — sobretudo o FNDCT — para financiar o desenvolvimento e a produção de testes, diagnósticos, remédios, vacinas, equipamentos de proteção individual e abordagens psicossociais que mitiguem o desespero da população. É uma vergonha indesculpável que o Brasil ainda não tenha quantidade suficiente de máscaras e testes para a covid-19. Sem testagem ampla e rastreio minucioso, a infecção seguirá invisível e avançando. Tivemos vários meses para nos preparar — mas não fizemos nada.

Uma segunda onda de infecção por coronavírus é esperada; temos de nos preparar para uma longa batalha. Haverá paralisia da produção de bens, interrupção dos serviços e quebra de empresas. Precisaremos de planejamento estratégico fundado na melhor ciência econômica — não a do rentismo abutre de Paulo Guedes, insensível ao sofrimento, mas a que almeja o verdadeiro bem-estar geral.

O insuspeito direitista Ronaldo Caiado (DEM), médico e governador de Goiás, deu o diagnóstico cabal de Bolsonaro: "Ele deve ter sido contaminado por algum empresário que só enxerga cifrão [...]. Está mais preocupado com CNPJ do que com CPF". Felizmente, porém, sem CPF não existe CNPJ. Mais do que nunca, é preciso amar como se houvesse amanhã.

É óbvio que precisamos de robustos investimentos do Estado para superar o abismo. É o que faz o mundo inteiro. Não se pode cortar salários; ao contrário, precisamos garantir renda mínima. É urgente suspender o pagamento dos juros e encargos da dívida pública e taxar os mais ricos para financiar o consumo dos mais pobres. Governo, bancos e grandes fortunas devem pagar a conta, caso não queiram ver todo o sistema colapsar. É urgente revogar a PEC 95, do teto de gastos, que impede nosso desenvolvimento. A crise nos encontra despreparados, sucateados, entorpecidos de neoliberalismo tosco e sádico.

Pagamos à vista a dívida acumulada do descaso irresponsável com saúde, educação e ciência. Os ataques irracionais feitos a nossas universidades estão custando caríssimo. Se na última década tivéssemos investido os recursos previstos para ciência e tecnologia, saúde e educação, como fizemos entre 2003 e 2010, não estaríamos nesta situação.

Mudar a estratégia é urgente. O futuro da ciência brasileira é o futuro do Brasil. É preciso recolocar o país nos trilhos. Ainda dá tempo de acordar desse pesadelo.

Será que ainda dá tempo? Ou aceleraremos de olhos fechados rumo ao precipício final? Estaremos numa bifurcação da história, no umbral de uma transição de fase, num ponto de mutação?

De olhos fechados, ergo os braços e encho com lentidão os pulmões, inalando com suavidade ... e seguro a respiração: dez, nove, oito, sete, seis , cinco, quatro, três, dois, um, zero... E então me entrego completamente, até afinal explodir o corpo inteiro e me desintegrar no cosmos, como se o vulcão de Krakatoa tivesse entrado em erupção e eu fosse um jorro de átomos rumo ao infinito, liberto num urro primitivo nascido das profundezas do ser... Enfim a paz do Big Bang. Enfim o amor cósmico. Tempo e espaço cessam e entendo que voltei para casa.

Enfim...

Não sei quanto tempo passa. Dez minutos, se tanto? Quando o ego finalmente ressurge da experiência e posso mais uma vez conversar comigo, manifesta-se a visão do horror... Vejo mortandade global, hospitais lotados, favelas fúnebres, presídios infernais, valas comuns e cortejos de ataúdes sem fim, enquanto líderes políticos e religiosos negam a realidade e pedem dízimo... Tristeza, abandono, desamor.

Vejo a peste tomando o planeta e colocando o capitalismo predatório de joelhos, enquanto a chacota necrofílica do presidente promove a contaminação. Vejo médicos ideologizados se descolando da realidade, vejo milicianos em pulsão de morte achacando o povo à vontade, vejo o esvaziamento das cidades.

Mercados financeiros derretendo, produção industrial cessando, alimentos e remédios escasseando. O caos chegando.

Uma planta, um cogumelo, um velho. Um enorme sapo coaxando sob uma molécula semelhante à serotonina. Uma voz grave que diz: 5-metoxi-dimetiltriptamina. Vejo um pulmão desinflamado. Um doente acamado. Um homem barbado sorrindo. Será a cura vindo?

Estados Unidos, Europa, Rússia e Índia reagiram tarde à covid-19, para salvaguardar a sociedade piramidal neoescravista. O México vai na mesma direção, mas pela esquerda, enquanto ao Brasil neofascista cabe ser o laboratório mais radical da tentativa desesperada de salvar o privilégio do 1% mais rico.

Somos bucha de canhão da pandemia, balão de ensaio da anomia, experimento deliberado de extermínio generalizado. Não por acaso o real foi a moeda que mais se desvalorizou nas últimas semanas. Ao império interessa que o Brasil se arrebente. Fica mais fácil explorar a gente.

Trump e Bolsonaro apostam que as pessoas toparão morrer para manter vivas as engrenagens da Matrix. Pedem que todos continuem a vender bem barato seus corpos, seu tempo, sua mente, seu sangue e sua respiração, para que os mais ricos fiquem ainda mais ricos, e que tudo o mais vá para o inferno.

Perdidamente viciados em dinheiro — esse liberador de dopamina tão poderoso quanto a própria cocaína —, os bilionários entram em pânico pela antecipação da síndrome de abstinência. Querem acelerar a economia, sem se importar com as consequências. Insones, trêmulos e taquicárdicos, já não sabem sonhar o que jaz adiante.

Querem mais do mesmo, até a última dose. Entre a nova era e o desmame do dinheiro, preferem a morte. Alheia, evidentemente. É por isso que o grande capital, que sempre se nutriu da ciência, desacoplou-se dela quando os alertas sobre catástrofes antropogênicas se tornaram incômodos. O negacionismo energúmeno da extrema direita é a soma da avareza com um profundo analfabetismo científico.

Só que dessa vez não vai colar. "Deu ruim." Assim como na overdose de cocaína, um pouquinho mais de droga será fatal. O colapso econômico pode nos levar rapidamente ao cenário *Mad Max* se a lógica de predadores contra presas não for superada.

Pode até ser que no último instante a ciência venha a salvar os mercados do nocaute, soando o gongo redentor com uma descoberta milagrosa, justo quando o último assalto estiver quase no fim... Mas a esta altura é improvável que o socorro chegue a tempo. Foram anos de descaso, desmonte e sabotagem. O capitalismo abusou da regra três. O oportunismo criminoso das hienas financistas está sucumbindo por falência múltipla de órgãos.

Depois da negação vêm assassinato e suicídio. Quando a invasão nazista fracassou em Stalingrado, o grande genocida Adolf Hitler freou a retirada das tropas alemãs para permitir aos psicopatas de suástica executar todos os judeus e os demais indesejados. E então, quando se esgotaram todas as ilusões do monstro, ele simplesmente se matou.

Em meio à hecatombe em curso, o aspirante a genocida BolsoNero continua a repetir que não podemos parar. "O brasileiro tem que ser estudado. Ele não pega nada. Você vê o cara pulando em esgoto ali. Ele sai, mergulha e não acontece nada com ele. Eu acho até que muita gente já foi infectada no Brasil, há poucas semanas ou meses, e ele já tem anticorpos que ajuda a não proliferar isso daí", declarou o presidente.

É evidente que fala de si, verme infectado saído do esgoto da ditadura. Imerso em Tânatos, quer imolar o Brasil inteiro, liderando a casa-grande na tentativa de massacrar a senzala. Mas são os ricos que precisam dos pobres. Chegou a hora do despertar dos escravos.

O simulacro econômico nunca foi tão irreal, e o que parecia sólido se desmancha no ar. Quebra das cadeias produtivas, desemprego, depressão econômica. Como disse o jornalista clarividente Pepe Escobar, o dólar vai virar papel higiênico verde. *Game over...*

Roberto Justus, Junior Durski e Osmar Terra vão pagar caro pelo que disseram. Serão varridos pelas evidências, e o povo vai cobrar a fatura. Como no filme *O Bandido da Luz Vermelha* (1968), do cineasta apocalíptico Rogério Sganzerla, "quem tiver de sapato não sobra...".

A síndrome respiratória aguda grave e a maligna austeridade econômica vão ceifar milhares, milhões, talvez dezenas de milhões de vidas. Talvez mais... Não estamos preparados para tanta tristeza, para o trauma em escala global.

Como cansou de alertar o xamã ianomâmi Davi Kopenawa, o céu está caindo sobre nossa cabeça. Remédio de índio é duro, mas funciona. Chegou a hora da purga. Como avisou a cartunista e transxamã Laerte, a grande ficha está caindo.

Agora só nos resta compreender que vida e morte são duas faces da mesma ficha. Quando a poeira baixar, daqui a meses ou mesmo anos, teremos a chance de construir um sistema econômico justo, sustentável, racional e amoroso. Menos dopamina e mais serotonina. Baixada a febre do vício em dinheiro e da pressa de correr rumo a lugar nenhum, talvez tenhamos a chance de recomeçar. Talvez, apenas talvez...

Não podemos perder essa oportunidade, se houver. Veremos a redução da poluição e a desaceleração do aquecimento global. Virá uma nova ordem, bem mais chinesa que norte-americana. Emergirá um Sistema Único de Saúde planetário. *Ubuntu*.

Que venha então a cura. Finalmente teremos a chance de olhar para dentro e, com toda a sabedoria acumulada desde a aurora paleolítica, criar uma sociedade digna de todos os humanos e demais animais, plantas, fungos, algas, bactérias... e vírus.

A mudança está apenas começando. Depois da pós-verdade, só interessa a verdade. Precisaremos de Buda, Cristo e todas as filhas de Gandhi.

Precisaremos de Aqualtune, Akotirene, Dandara e Zumbi. Precisaremos de Ester Sabino, Jaqueline de Jesus e Ana Tereza Ribeiro de Vasconcelos. Precisaremos tratar o trauma. Despertar do samsara. Amar a alma. Cessar o carma. Render-se ao darma. Em português moderno: surrender.

E sem arma.

O CAMINHO DO MEIO

NOSSAS VIDAS ESTÃO DE CABEÇA PARA BAIXO — velhos hábitos tidos como imutáveis foram quebrados e a organização social está evidentemente mais maleável. Vislumbra-se a oportunidade de revolucionar para melhor o nosso convívio.

Mas não nos enganemos, pois também paira rente o colapso civilizacional. Tanto nos Estados Unidos quanto no Brasil, o cinismo neofascista se recusa a enfrentar cientificamente a pandemia, fomentando desinformação, egoísmo, preconceito e violência. É preciso reconhecer que a crise gera novas oportunidades de exacerbação do capitalismo predatório, tanto destrutivo como corruptor da sociedade e da natureza. A ocupação do espaço público feita pelos negacionistas, que buscam tirar vantagem da quarentena para criar uma dinâmica política que justifique seus inúmeros equívocos, é um exemplo da tragédia que nos ameaça.

Outro exemplo é a irresponsável recomendação governamental para tratamento com cloroquina, que vem tomando proporções criminosas. Como se fosse pouco, em diversas cidades do país houve ataques populares e prisões policiais contra pesquisadores que saíram a campo para mapear as infecções por covid-19.

Se conseguirmos superar a armadilha histórica representada pelo irracionalismo anarcocapitalista de Trump e Bolsonaro, teremos pela frente um desafio igualmente perigoso, que é evitar o fim da privacidade e da liberdade, como vem ocorrendo no Oriente. Diversos países asiáticos estão se saindo muito melhor na contenção da pandemia do que Europa e Estados Unidos, e isso ocorre não apenas porque sua população adere muito mais fortemente à quarentena e ao uso de máscaras, mas também porque o monitoramento digital de todos os indivíduos — inclusive com a mensuração de temperatura e o rastreamento de contatos — se disseminou num grau ainda inimaginável.

A segurança de dados que os países ocidentais defendem, mas garantem cada vez menos, face a todas as falhas que têm permitido o uso ilegítimo de dados por megacorporações toma na China e outros países asiáticos a feição de um Estado totalitário que eletronicamente vigia e pune os indivíduos de forma absoluta: há câmeras em toda parte. Em nome da coletividade, o Estado chinês valora os comportamentos dos cidadãos com pontos automaticamente calculados, oprimindo os não conformistas com eficiência tétrica à la *Black Mirror*.

Como tem alertado o filósofo sul-coreano Byung-Chul Han, "a China agora poderá vender seu estado policial digital como um modelo de sucesso contra a pandemia. A China exibirá a superioridade de seu sistema com ainda mais orgulho". O risco que corremos é, no afã de escapar da depredação do Estado e do canibalismo das corporações, normalizarmos o Estado de exceção.

A despeito dessas terríveis ameaças, não é hora de cedermos ao pessimismo. Precisamos ter fé no futuro e manter a calma para navegar as grandes mudanças em curso. Estamos velejando de través, quase contra o vento. Se soubermos costurar lá e cá, sem nos afastarmos excessivamente do centro, podemos avançar bastante nesse mar turbulento.

O sistema está mais lábil, mais flexível. Podemos e devemos imprimir sua nova forma. É no limite do fracasso que precisa emergir a nova consciência capaz de honrar nossos ancestrais — que, apesar de toda a brutalidade reservada aos diferentes, foram capazes de abraçar seus semelhantes a cada geração. Desde o Paleolítico há registros de pessoas que, ao contrário do que ocorre com os outros animais, conseguiam sobreviver por muitos anos a uma fratura óssea. Isso só foi possível porque desenvolvemos, ao lado de sofisticadas técnicas ortopédicas, uma igualmente refinada capacidade de cuidar das pessoas que amamos.

Para transpormos a perigosíssima encruzilhada de 2020 precisaremos dos melhores saberes humanos acumulados nas últimas dezenas de milênios. Nossa salvação depende de uma aderência firme ao melhor que a ciência produz, mas a bússola moral que pode nos guiar em paz e harmonia, no caminho do meio entre a segurança e a liberdade, se encontra na sabedoria pan-indígena de líderes como o cacique Raoni Metuktire, Joênia Wapichana, Sônia Guajajara, Davi Kopenawa Yanomami, Celia Xakriabá, Ailton Krenak, Rucharlo Yawanawá, Daiara Tukano, Marcos Terena e Kaká Werá, entre outr@s. Como tem reiterado a jornalista Eliane Brum, as florestas e as favelas não são a periferia do mundo, mas seu verdadeiro centro, de onde emana a Ética do Cuidado que pode afinal nos salvar.

O reconhecimento de nossa fundamental semelhança humana é o que falta para o grande abraço planetário — solidário e fraterno — que estamos devendo a nós mesmos e à sétima geração depois de nós. Não podemos falhar no mais amplo de todos os abraços — sob pena de que seja o último.

SONO, SONHOS

EM BUSCA DO SONHO PERDIDO

JAMAIS FOI TÃO GRANDE o descompasso entre nossa potencialidade de melhorar o mundo e nosso fracasso em fazê-lo. Sociedade cada vez mais rica, porém mais excludente do que nunca. Amazônia, corais e manguezais ameaçados. Índios com cabeças a prêmio, trabalhadores perdendo direitos. Sinuca de bico evolutiva. Para evadir o apocalipse descontrolado do capitalismo desvairado do macaco endinheirado, convém relembrar como foi que chegamos até aqui...

No início era o sonho. Início dos mamíferos, claro, pois aves e répteis não têm a intensa e extensa experiência cinematográfica que perpassa o sono dos bichos afetuosos que começaram a evoluir há 225 milhões de anos, a partir de um tataravô com aspecto de camundongo. A ativação elétrica de circuitos neuronais desconectados do mundo exterior fez emergir nos mamíferos uma capacidade nova: a simulação de estratégias comportamentais adaptativas, construídas à noite para uso no dia seguinte. Com base em ontem, como será amanhã? Um oráculo probabilístico que aumentou a flexibilidade comportamental de nossos ancestrais.

Fósseis no Marrocos demonstram a existência de humanos anatomicamente modernos há 315 mil anos. O espantoso percurso que nos tirou das cavernas e levou à internet teve como alicerce cognitivo uma segunda revolução: a possibilidade de narrar os sonhos. Ao simular futuros possíveis com base nas memórias do passado, os sonhos compartilhados adquiriram inestimável valor, tornando-se a cada manhã uma fonte renovada de coesão grupal, criatividade e aconselhamento diante do mundo hostil, sob a égide da escassez. Durante quase todo esse tempo, os imperativos da sobrevivência humana foram iguais aos de qualquer animal no ambiente natural: matar, não morrer e procriar.

Entretanto, na transição entre pré-história e história, nos afastamos da natureza pela cultura em direção ao mundo bem mais complexo dos pequenos desejos e das divindades que os governam. Os primeiros textos da Mesopotâmia e do Egito, há 4,5 mil anos, revelam uma sofisticada mente primata que considerava o sonho o principal portal de encontro com parentes já falecidos, anjos e deuses. O contato frequente com tais entidades imaginárias instalou um vigoroso processo de acúmulo cultural que nos catapultou rumo ao futuro.

Portanto, se nosso hardware biológico já estava pronto há 315 mil anos, o mesmo não pode ser dito de nosso software cultural, que mudou lentamente durante quase toda a jornada. A maioria da população mundial continua a crer em deuses, muitas vezes ancestrais identificados com o próprio Universo ("Ó Pai!"). Os deuses do cristianismo, do islamismo ou do hinduísmo têm sua origem na Idade do Bronze. No Brasil, 86% se dizem cristãos, mas muitos aderem a leis bíblicas mais arcaicas, anteriores aos mandamentos de Moisés ("Não matarás"). Idolatram bezerros de ouro e mitificam mitômanos...

O que está errado conosco? Talvez nossa dificuldade de imaginar o futuro se deva ao abandono do costume de sonhá-lo. Foi o contato introspectivo com o mundo onírico que nos trouxe até esse momento tão perigoso e maravilhoso da aventura humana. É urgente voltarmos a sonhar e narrar as consequências de nossos atos. Ainda há tempo para reaprendermos com os sonhadores ameríndios que alertam sobre a iminente "queda do céu".

Mas retornar ao sonho não basta: é urgente uma atualização cultural. Se quisermos sobreviver a nós mesmos, precisaremos abandonar os hábitos paleolíticos de competir em vez de colaborar, acumular em vez de distribuir. Já passou da hora de um upgrade em nosso software que inclua a ciência produzida nos últimos quinhentos anos, responsável entre outras coisas pela redescoberta de que a Terra é redonda... Meros 1700 anos depois de Eratóstenes calcular sua circunferência!

Se uma atualização abrupta para o século XXI for expectativa demais, torçamos ao menos para a instalação sem bugs de certas ideias desenvolvidas há 2 mil anos, quando um homem pobre e periférico teria proclamado que é preciso amar aos outros como a si mesmo.

TOURO SENTADO E O GRANDE BISÃO BRANCO*

HÁ MILÊNIOS O SER HUMANO é fascinado pelos sonhos. Em inúmeras culturas ancestrais, acreditava-se que as mirabolantes alucinações noturnas pudessem conter a chave de eventos futuros, revelados por meio de profecias, oráculos e visões. Beberam da mesma fonte sacerdotes, pitonisas e videntes de toda sorte, capazes de enxergar no enredo onírico de símbolos misteriosos um enigma prático, pleno de significados concretos, que pudesse esclarecer o rumo da vida. Clientela para esses intérpretadores jamais faltou, tantos foram os reis e generais, líderes e vizires, estrategistas e políticos que só deram seus passos mais importantes após receberem os bons auspícios do oráculo da noite.

Se textos muito antigos como a Bíblia, a Torá e o *I ching* atribuem aos sonhos significado religioso, culturas mais recentes — ditas "primitivas", talvez representativas de estruturas ancestrais do pensamento — também costumam interpretar o fenômeno onírico como mediação entre os mundos material e espiritual. Entre os indígenas da Amazônia, os sonhos frequentemente são considerados um canal sagrado para o território invisível governado pelos espíritos, servindo de portal para o diagnóstico e a cura de feitiços.

O aspecto de aconselhamento onírico diante de situações de conflito fica bem explícito nos sonhos divinatórios relatados pelo chefe indígena Touro Sentado, que guiou com sucesso extraordinário os guerreiros da nação lakota no confronto desigual com o Exército dos Estados Unidos. O líder indígena era

* Artigo baseado no texto publicado originalmente na revista *Mente & Cérebro* com o título "Para que servem os sonhos?", cedido gentilmente pela editora Segmento para esta edição.

membro da sociedade do Bisão, um grupo de sonhadores místicos dedicados à premonição. Segundo seu relato, as desconcertantes ações de guerrilha comandadas por ele provinham da inspiração que, durante os sonhos, recebia de um grande bisão branco, símbolo do Grande Espírito — ninguém menos que Deus para os lakota.

No dia 25 de junho de 1876, o poderoso 7º Regimento de Cavalaria do general George Custer realizou um ataque-surpresa a um grande acampamento lakota, esperando encontrar apenas velhos, mulheres e crianças. Entretanto, poucos dias antes, Touro Sentado havia sonhado com uma chuva de homens brancos caindo como gafanhotos sobre a relva. Por essa razão, reuniu secretamente, perto do acampamento das famílias, cerca de 2 mil guerreiros de diferentes etnias lakota. Para horror da imprensa norte-americana, que acompanhava com frenesi os extermínios de acampamentos indígenas liderados pelo famoso general, a improvável profecia de Touro Sentado realizou-se. Diante da ferrenha resistência dos lakota, o regimento se desesperou e bateu em retirada pelo terreno aberto e desconhecido. Após um feroz mas rápido combate, Custer e seus soldados, incluindo dois de seus irmãos, um sobrinho e um cunhado, foram impiedosamente massacrados na campina verdejante de Little Bighorn.

A fé no poder divinatório dos sonhos não é restrita às sociedades primitivas ou já extintas. Ainda hoje, entre a maioria pobre das populações urbana e rural, é impossível não encontrar quem interprete um sonho como aviso ou premonição digna de orientar ações de compra e venda, casamentos, ocorrências trágicas, viagens, contratos e apostas a dinheiro. A crença na capacidade preditiva do sonho tem raízes profundas na história e ramificações extensas na cultura, permeando quase todos os aspectos da sociedade.

Tamanha fé nos sonhos não encontra nenhum paralelo no meio acadêmico, onde as opiniões se dividem em teorias díspares porém unidas em torno de um ponto: sonhos refletem processos fisiológicos endógenos, e não fenômenos premonitórios de origem exógena ao sonhador. Desmistificar o fenômeno onírico em sua concepção popular é tarefa que vem sendo levada a sério por investigadores do cérebro e da mente de todo tipo — de biólogos a físicos, de psicólogos a linguistas, de cientistas da computação a filósofos. As vertentes científicas de explicação, céticas quanto aos deuses, focam sua busca nos mecanismos naturais subjacentes ao sonho.

Pioneiro nessa linhagem de pensamento, Freud identificou o que foi vivido durante a vigília como origem do conteúdo onírico. Além disso, detectou no sonho o afloramento de memórias antigas, normalmente pouco acessíveis à lembrança quando estamos despertos. Suas contribuições são vastas e abertas ao garimpo experimental. Freud observou, por exemplo, que os sonhos repetitivos permitem ao eu consciente entrar em contato com memórias esquecidas e mesmo reprimidas, por meio de um processo de "soterramento" de lembranças indesejadas. Na concepção freudiana o desejo é o motor do sonho, que evoca memórias do passado e permite ao sonhador, de alguma maneira, satisfazer anseios conscientes e inconscientes.

O longo período de antifreudianismo na ciência, iniciado por razões morais e políticas já no começo do século XX, se estabeleceu de fato a partir dos anos 1950, com a descoberta dos fármacos antipsicóticos e do sono REM (abreviatura da expressão inglesa *rapid eye movement*), fase do sono de elevada atividade cortical que, em adultos, é concomitante com os sonhos. Ambas as descobertas banalizaram a subjetividade do sonho, a primeira em troca da contenção comportamental do psicótico, a segunda em prol de um estado fisiológico objetivamente mensurável pelo eletroencefalograma. Com o tempo, a neuroquímica e a neurofisiologia foram consideradas capazes de substituir com vantagens as variáveis inobserváveis propostas por Freud. Em vez de estudar símbolos oníricos, investigar o sono REM. Em lugar de perguntar o significado de uma cena sonhada, compreender de que forma as variações relativas dos níveis de neurotransmissores geram a alternância entre sono e vigília. De ator central no teatro da noite o sonho se transformou em figurante supérfluo, efeito colateral sem sentido, bizarrice casual sem necessidade de explicação específica.

Essa forma de encarar o problema onírico se tornou aos poucos hegemônica nos meios acadêmicos, propagando como verdade testada e comprovada que os sonhos não têm significado algum. O filósofo Owen Flanagan, da Universidade Duke, por exemplo, alcançou notoriedade ao escrever que os sonhos não podem ter nenhuma função adaptativa, pois ele, Flanagan, jamais teve um sonho que o ajudasse a resolver algum problema da vida real. É bastante provável que a vida de um professor universitário bem estabelecido na carreira não seja a melhor candidata a revelar as primitivas funções oníricas.

Para entender para que serve o sonho, necessitamos compreender as condições em que se deu sua evolução. Enquanto nossos ancestrais hominídeos estavam sujeitos às mesmas determinações darwinistas que governam o restante do reino animal — predar, não ser predado e procriar —, o homem contemporâneo esquiva-se de todo o risco. Em vez de caçadas perigosas e coletas incertas, fazemos visitas regulares ao supermercado. No lugar da alternância de turnos de guarda noturna para evitar um ataque traiçoeiro na madrugada, temos a segurança dos muros, portas trancadas e alarmes. Em lugar de pedras e peles, dormimos sobre colchões anatômicos. Em vez da dificuldade de encontrar fêmeas férteis que não fossem parentes próximas, apenas o risco de levar um não de uma desconhecida numa festa ou bar. Se os sonhos alguma vez foram essenciais para nossa sobrevivência, já não o são. Isso não significa, entretanto, que os sonhos não possam mais desempenhar importantes papéis cognitivos.

Para esclarecer que papel é esse, é preciso em primeiro lugar desconstruir a noção de que os sonhos refletem algum tipo de processamento neuronal aleatório. Embora regiões profundas do cérebro de fato promovam durante o sono REM um bombardeio elétrico aparentemente desorganizado do córtex cerebral, há bastante evidência de que os padrões de ativação cortical resultantes desse processo reverberam memórias adquiridas durante a vigília. Mesmo que não soubéssemos disso, basta um pouco de reflexão para refutar a teoria aleatória dos sonhos. A ocorrência múltipla de um mesmo sonho é um fenômeno detectável na experiência da maior parte das pessoas. O pesadelo repetitivo é um sintoma bem estabelecido do transtorno de estresse pós-traumático, que acomete indivíduos submetidos a eventos bastante violentos. Dada a imensa quantidade de conexões neuronais existentes no cérebro, seria impossível ter sonhos repetitivos se eles fossem o produto de ativação ao acaso dessas conexões.

Em segundo lugar, ao contrário da teoria de que os sonhos são subproduto do sono sem função própria, solidifica-se cada vez mais a noção de que o sono e o sonho são cruciais para a consolidação e a reestruturação de memórias. Ambos os processos parecem ser dependentes da reverberação elétrica de padrões de atividade neural que ocorrem enquanto dormimos e que representam memórias recém-adquiridas. Essa reverberação se beneficia da ausência de interferência sensorial, resguardando o processamento mnemônico das perturbações ambientais. Esse processo é característico do *sono de ondas lentas*, que ocupa a primeira metade da noite com ondas eletroencefalográficas de baixa frequência e grande amplitude.

Além disso, como venho demonstrando junto com outros grupos de pesquisa desde 1999, o sono REM desempenha um papel fundamental na fixação de longo prazo das memórias em circuitos neuronais específicos. Esse processo depende da ativação de genes capazes de promover modificações morfológicas e funcionais das células neurais. Tais genes são ativados durante a vigília quando algum aprendizado acontece, e voltam a ser acionados durante os episódios de sono REM subsequentes. Como resultado, memórias evocadas por reverberação elétrica durante o sono de ondas lentas são consolidadas por reativação gênica durante o sono REM.

Experimentos eletrofisiológicos e moleculares mostram ainda que as memórias migram de um lugar para outro dentro do cérebro, sofrendo importantes transformações com o passar do tempo. Áreas do cérebro envolvidas na estocagem temporária de informações, como o hipocampo, apresentam reverberação elétrica e reativação gênica apenas durante os primeiros episódios de sono após o aprendizado. Em contraste, áreas do córtex envolvidas na armazenagem duradoura das memórias apresentam persistência desses fenômenos por muitos episódios de sono após a aquisição de uma nova memória.

E isso não é tudo. Ainda que a capacidade de adquirir memórias por repetição seja essencial para nós, é a aprendizagem criativa que distingue a cognição dos seres humanos. Qualquer animal é capaz de aprender por indução, isto é, acumulando experiências singulares por contato direto com o mundo externo, ao ritmo de uma observação por vez. Muitos conseguem também generalizar seu aprendizado indutivo de modo a deduzir as propriedades gerais das coisas. Entretanto, apenas alguns mamíferos e aves parecem ser aptos a inventar soluções, misturando ideias de forma a produzir a operação mental chamada de abdução. Nesse caso, a mente é transportada de um lugar a outro de forma abrupta, reestruturando memórias preexistentes a fim de criar uma nova lembrança, mais adaptativa aos desafios da vigília.

Diversos estudos indicam que o sono facilita bastante esse processo. Em 2006, o pesquisador alemão Jan Born e seus colaboradores mostraram que a descoberta de uma solução oculta para um problema numérico ocorre com alta frequência após uma noite de sono, mas é ausente em indivíduos privados de sono. Em 2009, o grupo de pesquisa liderado por Sarah Mednick, na Universidade da Califórnia em San Diego, nos Estados Unidos, mostrou que a resolução criativa de um problema de associação de palavras depende muitíssimo do tempo passado em sono REM entre a apresentação do problema e sua resolução.

De que forma é possível conciliar a explicação materialista dos sonhos com a função premonitória a eles atribuída por tantas tradições diferentes? O ponto de encontro entre concepções tão distintas é a reativação de memórias durante o sono, que alimenta o enredo onírico. Para vivenciá-lo, não basta reverberar padrões de atividade elétrica no córtex cerebral. É preciso concatená-los numa busca da satisfação do desejo mediada por dopamina, de forma a simular uma sequência comportamental plausível, capaz de inserir-se num futuro em potencial que inclua o ambiente e o próprio sonhador. Governada por emoções e motivações, a experiência onírica permite a simulação de futuros possíveis, tão mais claros e prováveis quanto mais marcantes e previsíveis forem os desafios da vigília. Nessa concepção, a função primordial dos sonhos é a simulação de estratégias comportamentais, adaptativas ou não. Recompensando os circuitos neurais dos sonhos bons e punindo os circuitos subjacentes aos pesadelos, é possível aprender durante a noite sem os riscos da realidade.

O oráculo onírico integra uma grande quantidade de informações das quais o sonhador pode ou não estar consciente. As mensagens vêm simbolizadas de acordo com o repertório cultural de quem sonha, e adquirem mais força emocional quando este atribui aos sonhos o poder de revelar o futuro. Se o general Custer tivesse dado atenção aos seus pesadelos em junho de 1876, talvez não tivesse adentrado com centenas de soldados na armadilha da pradaria desprotegida que Touro Sentado simulou em sonhos. Ao final do combate, 268 corpos vestidos com uniformes azuis jaziam na relva verde, tal como na premonição do grande chefe lakota.

Ao refletir processos endógenos que preveem eventos de origem exógena ao sonhador, as produções oníricas costumam ser interpretadas como premonição mágica do imponderável, motivando a superstição de que o oráculo é determinístico. Em vez de ser compreendido como uma conjectura fundada na experiência, o sonho passa a representar um aviso celestial. Entretanto, por ser probabilístico, o sonho está sujeito a enganos consideráveis em suas predições. Pessoas que passaram por traumas fortes costumam ter sonhos de fácil interpretação, que remetem literalmente às experiências desagradáveis. As memórias do passado perigoso passam a reverberar de forma exagerada, alertando de forma estridente para um futuro perigoso que, quando não vem, transforma o sonho num sinal patológico.

De onde veio, afinal, a importância dos sonhos para nós e qual sua relevância para o futuro da espécie? É provável que a experiência onírica tenha sido a primeira demonstração para nossos ancestrais de que a percepção sensorial pode ser apenas um teatro de ilusões. No momento em que foi possível experimentar a riqueza onírica e lembrar-se disso na vigília, tornou-se possível perceber que nem tudo que é pensado precisa corresponder a uma percepção ou ato motor na vida real. Daí para a imaginação consciente pode ter sido um pulo. Dessa imaginação para o planejamento do futuro e a lembrança do passado, articulados enquanto narrativas de um mesmo eu, outro salto. O compartilhamento dessas experiências por meio da linguagem talvez tenha mesmo inaugurado a religião, confirmando para todos os membros da tribo que além dessa realidade há outras — fato atestado por todos, no limiar da manhã.

PÓ DE PIRLIMPIMPIM

ALCANÇAR O APRENDIZADO INSTANTÂNEO é um desejo poderoso, pois o cérebro sem informação é pouco mais que estofo de macela. Emília, a sabida boneca de Monteiro Lobato, aprendeu a falar copiosamente após engolir uma pílula, adquirindo de supetão todo o vocabulário dos seres humanos ao seu redor. No filme *Matrix* (1999), a ingestão de uma pílula colorida faz o personagem Neo descobrir que todo o mundo em que sempre viveu não passa de uma simulação chamada Matriz, dentro da qual é possível programar qualquer coisa. Poucos instantes depois de se conectar a um computador, Neo desperta e profere estupefato: "*I know kung fu*".

Entretanto, na matriz cerebral das pessoas de carne e osso, vale o dito popular: "Urubu, pra cantar, demora". O aprendizado de comportamentos complexos é difícil e demorado, pois requer a alteração massiva de conexões neuronais. Há consenso hoje em dia de que o conteúdo dos nossos pensamentos deriva dos padrões de ativação de vastas redes neuronais, impossibilitando a aquisição instantânea de memórias intricadas.

Mas nem sempre foi assim. Há meio século, experimentos realizados na Universidade de Michigan pareciam indicar que as planárias, vermes aquáticos passíveis de condicionamento clássico, eram capazes de adquirir, mesmo sem treinamento, associações estímulo-resposta por ingestão de um extrato de planárias já condicionadas. O resultado, aparentemente revolucionário, sugeria que os substratos materiais da memória são moléculas. Contudo, estudos posteriores demonstraram que a ingestão de planárias não condicionadas também acelerava o aprendizado, revelando um efeito hormonal genérico, independente do conteúdo das memórias presentes nas planárias ingeridas.

A ingestão de memórias é impossível porque elas são estados complexos de redes neuronais, não um quantum de significado como a pílula da Emília. Por outro lado, é sim possível acelerar a consolidação das memórias por meio da otimização de variáveis fisiológicas envolvidas no processo. Uma linha de pesquisa importante diz respeito ao sono, cujo benefício à consolidação de memórias já foi comprovado. Em 2006, pesquisadores alemães publicaram um estudo sobre os efeitos mnemônicos da estimulação cerebral com ondas lentas (0,75 Hz) aplicadas durante o sono por meio de um estimulador elétrico. Os resultados mostraram que a estimulação de baixa frequência é suficiente para melhorar o aprendizado de diferentes tarefas. Ao que parece, as oscilações lentas do sono são puro pó de pirlimpimpim.

APAZIGUANDO FANTASMAS

É DO RABINO MENACHEM SCHNEERSON (1902-1994) a constatação de que se não fosse o sono não haveria amanhã, e a vida se resumiria a um hoje contínuo. Se a pausa periódica na vivência da realidade externa confere unidade ao passar do tempo, também opera transformações notáveis na realidade interna. A cada noite o sono mastiga e deglute as memórias novas, esquecendo algumas e transformando outras em memórias maduras, distribuídas pelo cérebro e articuladas a outras memórias mais antigas ainda, rebanhos de pensamentos em constante evolução.

O embate entre esquecimento e incorporação de uma nova memória depende da relação entre sua utilidade e o custo de carregá-la. Memórias derivadas de vivências aversivas são inscritas na circuitaria neuronal mais profundamente do que memórias de baixo teor emocional. Quando uma memória se refere a uma situação de fato perigosa ou indesejável, pode ser útil carregá-la mesmo à custa de sustos na vigília e pesadelos ocasionais. Mas quando a memória não se refere a nada relevante, melhor mesmo é esquecer. Quantas coisas, à primeira vista desagradáveis, não se transformam, com o tempo, em palatáveis e até desejáveis?

Experimentos realizados por Matthew Walker e colaboradores na Universidade da Califórnia em Berkeley vêm demonstrando na última década que o sono REM facilita a atenuação da resposta a estímulos aversivos. Esse papel já era previsto pela psiquiatria, pois o sono muitas vezes está alterado nos distúrbios do humor. Um dos novos estudos utilizou a ressonância magnética funcional para medir a atividade da amígdala, uma estrutura cerebral envolvida na valoração de experiências aversivas, durante a apresentação de imagens desagradáveis. Duas sessões de imageamento foram realizadas, antes e depois de um período de sono monitorado por eletroencefalografia. Os resultados apontaram uma diminuição das respostas da amígdala após o sono, com uma queda correspondente na reação comportamental às imagens aversivas. Além disso, o sono promoveu um aumento da conectividade funcional entre a amígdala e o córtex pré-frontal ventromedial. Outro achado importante do estudo é a correspondência íntima entre tais efeitos e a queda da atividade de alta frequência (>30Hz) no córtex pré-frontal durante o sono REM. Essa atividade serve como marcador eletrofisiológico de transmissão adrenérgica. Em tese, isso pode contribuir para diminuir a hiper-reatividade da amígdala a estímulos aversivos, causando uma habituação da resposta comportamental ao estresse.

Os resultados podem ter implicações para o tratamento da síndrome do estresse pós-traumático, em que o sono é invadido por pesadelos recorrentes a respeito de perigos que já não existem na realidade. Se uma das várias funções do sono é apaziguar os fantasmas do passado, talvez o sonho seja mesmo a arena mais adequada para sublimar o trauma.

O ORÁCULO DA NOITE*

Quando as diferentes espécies do gênero *Homo* ainda se misturavam, matavam e amavam entre si, sonhar já era um imenso mistério diariamente renovado. O que seriam esses mundos cheios de universos, verdadeiros cinemas paleolíticos, tão vívidos e interessantes à percepção e à emoção? De que modo eram interpretadas essas imagens de gente, bisões, mamutes e tudo o mais que povoava as paredes e a imaginação de nossos arquitataravós, ainda tão longe da agricultura, da roda e da escrita? Seria real o mundo daqui ou o de lá? As crianças de hoje têm dificuldade para entender que seus sonhos mais intensos de satisfação do desejo não geram consequências quando elas despertam. E entre aborígines australianos não há dúvida: o mundo real é ilusão, o mundo dos sonhos é que é real.

Não que os outros mamíferos não sonhem. Sonham, sim, sonham demais. Basta olhar seu cachorro de estimação dormindo para inferir a rica experiência onírica que devem ter os animais. Como vimos, os sonhos mais vívidos ocorrem numa fase específica do sono chamada REM, caracterizada por movimentos rápidos dos olhos e um completo relaxamento dos outros músculos do corpo. Quando estamos mais distantes da ação do mundo real, ficamos imersos no interior dos sonhos. Os mamíferos que experimentam mais sono REM são os que ocupam o topo da cadeia alimentar — e por isso não têm muito receio da predação. Os campeões do sono são os felinos, os canídeos e os símios, dominantes em suas esferas por força de presas, garras

* Artigo baseado no texto publicado originalmente na revista *Mente & Cérebro* com o título "Sonhos podem prever o futuro?", cedido gentilmente pela editora Segmento para esta edição.

ou ação coletiva articulada. É provável que os sonhos desses animais sejam construídos em torno dos imperativos darwinistas de matar, não morrer e procriar, simulações de comportamentos adaptativos, ensaios de atos essenciais. Mas, não, nenhum cão jamais sonhou com a riquíssima variedade de símbolos típica dos humanos. Quando José interpretou os sonhos do faraó, tratava-se de um fenômeno essencialmente humano. Como chegamos a isso?

Sonhar há de ter sido bastante perturbador para nossos ancestrais por milênios incontáveis de noites estreladas e mágicas. Longuíssimas noites dos xamãs através de glaciações e degelos, até a ideia de que o sono e a morte são apenas passagens para outras vidas, gerando coisas completamente novas na cultura primata: as tumbas multicoloridas, as múmias, os sacerdotes sibilantes e os intérpretes de sonhos. De que modo esses elementos culturais se entrelaçaram na gênese da consciência humana é mistério a ser decifrado nos fragmentos de textos remanescentes da Antiguidade. Sabemos por meio desses escritos que cabia aos intérpretes oníricos decifrar as mensagens recebidas em sonhos pelos reis e chefes militares. Como eram tais sonhos?

Os textos mais antigos indicam que eram sonhos de aconselhamento ou comando das ações do sonhador, tipicamente advindos de ancestrais já falecidos. Uma inscrição egípcia de 4 mil anos atrás proclama "instruções que sua majestade o rei Amenemhet I deu ao seu filho quando lhe falou num sonho". No Épico de Tukulti-Ninurta — rei assírio identificado como Nimrod, bisneto do bíblico Noé —, um bem preservado texto cuneiforme narra a aparição em sonhos de anjos enviados pelo poderoso deus Marduk para consolar e aconselhar o protagonista. Quase mil anos depois, ainda no Império Assírio, presságios oníricos eram coletados em volumes como o *Ziqiqu*, que estabelecia associações entre eventos ocorridos em sonhos e suas supostas consequências. Na Antiguidade, era comum ouvir em sonhos as vozes dos mortos.

A sequência causal entre memórias reverberantes, sonhos e

impressões dos antepassados foi proposta em 1976 por Julian Jaynes, psicólogo da Universidade Princeton, no célebre livro *A origem da consciência no colapso da mente bicameral*. Jaynes postulou que na aurora de nossa consciência atual encontram-se as memórias dos comandos verbais proferidos pelos chefes dos clãs. Tais comandos reverberavam no sistema auditivo de modo a permitir o trabalho continuado ao longo do dia: caça, coleta, pastoreio, lavoura, luta e trabalho árduo por horas a fio, mesmo na ausência dos chefes. Esses líderes — em geral patriarcas de todo o grupo —, ao morrer, tinham o corpo untado, pintado e embalsamado com esmero e adoração... E deixavam reverberando em seus súditos as memórias de suas vozes plenas de autoridade. Uma reverberação que era mais forte nos sonhos do que na vigília, pela mera ausência de interferência sensorial propiciada pelo sono.

Desses sonhos nasceram Marduk e os outros deuses da Babilônia, bem como todos os deuses mais antigos. E com eles a casta de pessoas que ajudavam, de todas as formas possíveis, o transe místico dos que podiam evocar e interpretar as diretrizes divinas. Sacerdotes, pitonisas e outros oráculos divinatórios tiveram um grande poder real, fato bem ilustrado pelo escravo judeu José feito vizir no Egito por ter oferecido uma interpretação satisfatória dos sonhos do faraó.

Mas chegou o tempo em que ruíram as sociedades piramidais colossais, em que centenas de milhares de pessoas eram comandadas por um deus vivo que alucinava as vozes dos deuses mortos. Quando o número de bocas a alimentar e de fronteiras a proteger tornou-se maior do que toda a sabedoria dos velhos deuses, suas vozes se calaram. Do Eufrates ao Nilo, os textos remanescentes do segundo milênio antes de Cristo denunciam esse silêncio crescente, até que se dissolveu a separação mental entre deuses e humanos.

Só então passamos a entender que a voz incessante de nosso diálogo interno é apenas nossa, não de outra entidade. Desapareceram as pessoas bicamerais, que escutavam anjos e demônios. Surgiram as pessoas unicamerais, unificadas na representação de um "eu" autônomo que dispõe de um vasto repertório de memórias não para alucinar, mas para imaginar planos. Não mais o bicameral, brutal e ingênuo Aquiles que, sem passado ou futuro, apenas buscava a glória movido por comandos divinos. Agora sim, o unicameral Ulisses, "eu" cheio de estratagemas capaz de enganar os troianos num cavalo de madeira, antever os efeitos nefastos do canto das sereias, ludibriar Polifemo com seu conhecimento da mente alheia e principalmente viajar de maneira persistente por dez anos numa odisseia dolorosa, a fim de reencontrar esposa e filho na Ítaca distante.

Hoje somos todos Ulisses em nossa capacidade de planejar o futuro usando as memórias do passado como antecipação da recompensa para levar adiante o trabalho. Aqueles que hoje em dia não vivenciam essa fusão, aqueles ainda cindidos numa mentalidade de múltiplos compartimentos, seriam os esquizofrênicos. Platão comparou o delírio psicótico a um sonho perpétuo em que alguns homens acreditavam "que eram deuses e podiam voar"...

Integrar toda essa evidência histórica com a ciência contemporânea é uma tarefa que apenas há pouco começou a ser possível. Um dos maiores avanços veio da pesquisa realizada a partir dos anos 1990 pelo psicanalista e neuropsicólogo Mark Solms, da Royal London School of Medicine. Estudando centenas de pacientes neurológicos, Solms descobriu que a capacidade de sonhar — mas não o sono REM — é abolida por lesões dos circuitos dopaminérgicos relacionados a recompensa e punição. Essa descoberta dissociou pela primeira vez o sonho do sono REM, dando um sentido surpreendentemente exato à célebre noção freudiana de que o desejo é motor do sonho.

Apesar do desprezo com que o sonho foi tratado pela biologia e pela medicina do século XX, a interpretação onírica foi preservada no mundo ocidental por meio da cultura divinatória do povo iletrado, bem como no divã dos analisados pelo método de Sigmund Freud e seus tantos seguidores. Carl Jung, seu colaborador, discípulo e desafeto, afirmou que "o sonho prepara o sonhador para o dia seguinte".

Em 2010, o papel cognitivo dos sonhos foi demonstrado pela primeira vez de forma quantitativa. Na Universidade Harvard, os pesquisadores Robert Stickgold e Erin Wamsley investigaram a relação do repertório onírico com o desempenho de voluntários experimentais na navegação de um labirinto virtual. Descobriram que apenas os voluntários que relataram sonhar com o labirinto tiveram melhora substancial de desempenho quando jogaram novamente, horas depois. Sonhos com outros assuntos distintos do labirinto não foram acompanhados de benefícios cognitivos. Só pensar no labirinto, em estado de vigília, tampouco resultou em efeitos benéficos. Esses resultados demonstraram que sonhar é adaptativo — e não apenas um epifenômeno do sono.

Com essas mais recentes descobertas, começa a ser delineado um cenário emocionante da evolução da mente humana. A capacidade de imaginar o futuro com base no passado, eixo central de nossa consciência reflexiva, talvez represente a invasão durante a vigília de algo muito mais antigo, que é justamente a capacidade de sonhar. A função primordial dos sonhos teria sido, então, a de simulação capaz de avisar sobre potenciais perigos ou oportunidades do amanhã — um "oráculo" biológico provedor de conselhos e orientações sobre as melhores decisões a tomar num provável mundo real. Tal oráculo não seria determinístico, e sim probabilístico, produzindo "palpites bem informados" que, a julgar pelo registro histórico, tiveram um papel poderoso na passagem do homem pré-histórico até nossos dias. As vantagens desse oráculo são evidentes, pois nada do que é simulado no mundo dos sonhos acarreta risco real para o sonhador.

Segundo essa teoria, nossos antepassados produziram em sonhos, protegidos pelo manto do sono, as ideias mais criativas e transformadoras de nossa espécie. Com o tempo desenvolveram complexos rituais para acessar o conhecimento oculto nas brumas oníricas. Em pouco tempo já não ousavam fazer qualquer coisa sem tal aconselhamento, dependendo dele para planejar caçadas, determinar colheitas, iniciar guerras e escolher as datas dos casamentos e demais eventos de importância social.

Quanto sorririam Freud e Jung se tivessem vivido para conhecer essas ideias? Que expressão de assombro veríamos nas faces de um sacerdote assírio ou xamã siberiana se pudessem observar, com seus próprios olhos, um sonho revelado não por uma pitonisa, mas imagens cerebrais em tempo real? Seus olhos certamente brilhariam e então talvez suas pálpebras se fechassem para sonhar um sonho louco...

UM SÉCULO DEPOIS, A VEZ DO NEUROFREUD

SIGMUND FREUD PRODUZIU UMA TEORIA abrangente sobre a estrutura e o funcionamento da mente, de início com grandes repercussões na biologia e na medicina. Fez várias descobertas importantes sobre a psique humana, criou um método terapêutico revolucionário, agregou um círculo possante de colaboradores, multiplicou seguidores e delimitou um campo de pesquisa novo, com método e terminologia próprios: a psicanálise. Sua teoria extravasou os limites originais, contagiando as ciências humanas e as artes em geral. Mas, se Freud influenciou toda a cultura humanística, não encontrou abrigo dentro da própria ciência. Ganhou, mas não levou. Rejeitado com veemência pela psiquiatria de seu tempo, foi levado ao ostracismo pelas gerações seguintes de neurocientistas, até se tornar alvo de desprezo a priori. A ojeriza a Freud remonta a sua postulação do fenômeno onírico como chave essencial para compreender a experiência humana, por meio da relação com os pensamentos inconscientes, os delírios e a transformação simbólica das memórias indesejadas.

A descoberta do sono REM no início dos anos 1950 foi interpretada como um duro golpe na teoria freudiana, reduzindo o sonho a um mero estado fisiológico de precisa definição, mas limitada transcendência. Na mesma época aconteceu um segundo golpe, com a descoberta e rápida disseminação terapêutica da clorpromazina, primeira droga capaz de debelar surtos psicóticos sem nenhuma necessidade de escutar o paciente falar sobre suas vivências. A clorpromazina atua como antagonista do neurotransmissor dopamina, e seu advento pareceu retirar a psicose da nebulosa esfera do sonho para remetê-la ao mundo concreto da farmacologia. O golpe de misericórdia em Freud foi a série de tentativas fracassadas de corroborar sua teoria das neuroses, segundo a qual traumas psicológicos se expressam como sintomas físicos aparentemente não relacionados com suas causas, mas curáveis pela tomada de consciência do trauma gerador. Até mesmo por sua natureza idiossincrática, a cura pela palavra permanece controvertida até hoje.

O descrédito científico da psicanálise teve graves consequências. A despeito da origem acadêmica de Freud, os círculos psicanalíticos se voltaram para a cultura, afastando-se cada vez mais do empirismo quantitativo da biologia, química e física. Algumas vertentes se entregaram ao sectarismo reativo e ao culto à personalidade, gerando um triunfalismo anticientífico que abdicou por completo da pesquisa neural e teve resultados desastrosos para a inserção biomédica de Freud a partir dos anos 1960. O divórcio foi expresso de forma cabal pelo filósofo Karl Popper, quando afirmou que a psicanálise é intrinsecamente incapaz de produzir hipóteses testáveis. Desde então, vulgarizou-se a opinião de que Freud não construiu ciência alguma, e sim uma coleção estapafúrdia de metáforas mitológicas, uma teoria não demonstrável por meio de experimentos que não passaria, portanto, de metafísica.

Tratado ao longo do século XX como profeta, depravado ou charlatão, eis que neste início de milênio o velho Sigmund regressa ao centro da pesquisa neurocientífica, ressurgindo em tantas frentes distintas de investigação que já não se pode ignorá-lo. Por meio de estudos de ressonância magnética funcional, descobriu-se que a supressão de memórias indesejadas, descrita de forma pioneira por Freud, não apenas existe como requer uma desativação de regiões cerebrais dedicadas às memórias e às emoções, por meio da ativação de porções relacionadas à intencionalidade. Experimentos eletrofisiológicos revelaram neurônios capazes de sinalizar recompensa e punição, ecoando as pulsões de vida e morte que Freud postulou como eixo do comportamento humano. O estudo de pacientes com lesões neurais que causam a perda da capacidade de sonhar, mas preservam o sono REM, mostrou que o sonho habita esta fase do sono, mas com ela não se confunde. A descoberta de que essas lesões envolvem circuitos dopaminérgicos que codificam a satisfação e a frustração de expectativas deu novo fôlego à tese freudiana de que o desejo é o motor do sonho. Por outro lado, pesquisas em modelos animais de psicose com altos níveis de dopamina revelam notável semelhança entre os padrões de atividade neural da vigília e do sono REM, corroborando de forma surpreendente a ideia de que o delírio psicótico resulta da dificuldade de discernir o sonho da realidade.

Outro tema freudiano resgatado nos últimos anos é a presença de reminiscências da vigília dentro do sonho. Tais "restos diurnos" já foram extensamente observados em humanos e roedores durante ambas as fases principais do sono, tanto em nível molecular quanto eletrofisiológico. Sabemos hoje que a interrupção da interferência sensorial que o sono propicia induz uma reverberação mnemônica que é crucial para a consolidação duradoura do aprendizado. A tradução neurobiológica de conceitos clássicos da psicanálise atualiza a famosa afirmação de Freud de que "o sonho é o caminho real para o inconsciente": enquanto as memórias correspondem aos "conglomerados de formações psíquicas", sua totalidade, o banco completo de memórias adquiridas pelo indivíduo (e todas suas combinações possíveis), constitui o "inconsciente".

Quanto à sexualidade infantil, escandalosa na Viena do século XIX, sabemos hoje que se trata de um componente normal do desenvolvimento da criança, tornando-se horrenda apenas quando abusada por adultos. O que nos conduz a uma das partes mais polêmicas da teoria freudiana, justamente a noção de que traumas psicológicos podem ocasionar sintomas corporais graves. Mas talvez até esse aspecto possa ser testado em breve, em face dos avanços tecnológicos que permitem o estudo não invasivo do cérebro. Se vivo estivesse, é provável que Freud levasse o divã para dentro do escâner de ressonância magnética. De todo modo, a rememoração do trauma num contexto de estimulação sensorial amena, típica do *setting* psicanalítico, se assemelha bastante ao que ocorre em outras técnicas psicoterápicas validadas pela medicina para o tratamento do transtorno do estresse pós-traumático, como a estimulação repetitiva, o relaxamento, a habituação ao relato traumático, a reinterpretação cognitiva em contexto não ameaçador e o uso de fármacos capazes de enfraquecer a memória traumática após sua evocação. Para além da questão clínica, é preciso reconhecer que a psicanálise muitas vezes não objetiva a cura, nem termina por si mesma. Uma de suas funções mais importantes é dar sentido ao complexo conjunto de símbolos que cada um carrega em si, servindo não necessariamente para atingir a cura, mas para o autoconhecimento. Se a dor é inerente à condição humana, a psicanálise propõe fazer da própria vida uma obra de arte.

É chegada a hora do reencontro da ciência com Freud, a partir da dissolução dos preconceitos em ambos os lados. Temem os psicanalistas, com certa razão, a invasão ignorante de seus domínios, o chauvinismo reducionista, a tirania da eficácia objetiva, a falta de introspecção arrogante da ciência. Temem também perder a redoma confortável que o isolamento ideológico provê. Falta diálogo aberto no próprio seio da tradição freudiana, cindida em guetos historicamente imiscíveis. O avanço da teoria legada por Freud requer espaço para novas sínteses, com as quais o empirismo biológico tem muito a contribuir.

Por outro lado, é urgente reavaliar a importância da psicanálise para a neurociência. Freud não é mera curiosidade histórica. Ao contrário, legou um extenso programa de investigação pleno de hipóteses testáveis, um verdadeiro projeto para uma psicologia científica. É preciso reler sua obra com os olhos do presente, testando ideias e reformando o edifício herdado. A língua franca dessa releitura é a investigação experimental da relação entre mente e cérebro.

OLHANDO PARA DENTRO

O LIMIAR DO NOVO MILÊNIO assiste ao encontro de três tradições distintas de investigação da consciência. Duas delas, a biologia e a psicologia, são monistas, isto é, sustentam a unicidade entre corpo e mente. Como bem assinala o físico Sérgio Mascarenhas (1928), da USP de São Carlos — um dos mais importantes e audazes pesquisadores brasileiros —, as ciências monistas diferem, sobretudo, no foco. Enquanto a "desalmada" biologia avança sobre o cérebro sem explicar a subjetividade mental, a "descerebrada" psicologia aborda o fenômeno mental de forma racionalista mas não mecanicista, deixando o cérebro fora do debate.

A terceira vertente é metafísica. Desafiando o monismo radical da biologia e o monismo *light* da psicologia, o dualismo reúne todas as inúmeras religiões que afirmam a existência extracorpórea do espírito, sutil energia pensante. Quanto ao número de seguidores, o dualismo sempre foi hegemônico. O racionalismo cresceu muito nos últimos séculos, através do método experimental quantitativo e objetivo. Mesmo assim, a ciência monista continua incapaz de formular uma convincente teoria da consciência.

Diante do impasse, suspeita-se de que o postulado cartesiano da separação entre sujeito e objeto simplesmente não serve para o estudo da mente. Para compreender a consciência, o pesquisador terá primeiro de entender a sua própria. A ideia da autopesquisa como único método satisfatório é bizarra para o biólogo tradicional, seja o colecionador de insetos alfinetados, seja o alquimista de prodigiosas macromoléculas. Mas soa muito natural tanto para o psicólogo quanto para o metafísico. Na psicanálise, a autopesquisa é condição obrigatória de formação do terapeuta. Quanto às religiões, o que são a meditação, a prece e o transe senão um divino contato consigo?

Um dos pioneiros da autopesquisa é o chileno Humberto Maturana (1928), criador de um pensamento neurocientífico de grande originalidade e abrangência. Em 1968, publicou um artigo sobre visão em cores no qual os experimentos eram realizados pelo próprio leitor, utilizando transparências sobrepostas e um retroprojetor. A viabilidade do experimento decorre do fato de que a visão é facilmente acessada pelo eu consciente. Já a consciência dos órgãos internos foi tratada ao longo dos séculos apenas por práticas metafísicas, como a ioga e o *chi kung*. Experimentos de *neurofeedback*, em que o participante controla a própria atividade cerebral, são realizados há décadas. O domínio consciente de variáveis fisiológicas como a temperatura do corpo foi reconhecido pela ciência há mais de trinta anos.

A autopesquisa neural avança sobre os desconhecidos recessos da mente. Para não se perder na escuridão, precisa munir-se do método experimental, da rigorosa quantificação dos fenômenos auto-observados e do princípio da descrença, tão bem formulado pelo médico e médium Waldo Vieira (1932): "Não acredite em nada. Tenha suas próprias experiências". A batalha final entre monismo e dualismo se aproxima. Oxalá desse confronto advenha um sereno entendimento do Ser.

SIDARTA RIBEIRO é mestre em biofísica pela UFRJ, doutor em comportamento animal pela Universidade Rockefeller, pós-doutor em neurofisiologia pela Universidade Duke, professor titular de neurociência, fundador e vice-diretor do Instituto do Cérebro da UFRN. Formando do Grupo Capoeira Brasil, é discípulo de Mestre Caxias e Paulinho Sabiá. Publicou mais de cem artigos científicos em periódicos internacionais. É autor de *O oráculo da noite*, publicado em 2019 pela Companhia das Letras.

1ª edição Companhia de Bolso [2020] 1 reimpressão

Esta obra foi composta pela Verba Editorial
em Janson Text e impressa pela Gráfica Bartira
em ofsete sobre papel Pólen Soft da Suzano S.A.

A marca FSC® é a garantia de que a madeira utilizada na fabricação do papel deste livro provém de florestas que foram gerenciadas de maneira ambientalmente correta, socialmente justa e economicamente viável, além de outras fontes de origem controlada.